中等职业教育国家规划教材
全国中等职业教育教材审定委员会审定

化工单元操作实训

第二版

侯丽新　主编

化学工业出版社

·北京·

图书在版编目(CIP)数据

化工单元操作实训/侯丽新主编. —2 版. —北京：化学
工业出版社，2009.8（2025.1重印）
中等职业教育国家规划教材
ISBN 978-7-122-05878-2

Ⅰ. 化⋯ Ⅱ. 侯⋯ Ⅲ. 化工单元操作-专业学校-教材
Ⅳ. TQ02

中国版本图书馆 CIP 数据核字（2009）第 089569 号

责任编辑：何　丽　徐雅妮　　　　　文字编辑：陈　元
责任校对：陈　静　　　　　　　　　装帧设计：刘亚婷

出版发行：化学工业出版社（北京市东城区青年湖南街 13 号　邮政编码 100011）
印　　装：北京科印技术咨询服务有限公司数码印刷分部
787mm×1092mm　1/16　印张 5½　字数 117 千字　2025 年 1 月北京第 2 版第 10 次印刷

购书咨询：010-64518888　　　　　　售后服务：010-64518899
网　　址：http://www.cip.com.cn
凡购买本书，如有缺损质量问题，本社销售中心负责调换。

定　　价：20.00 元　　　　　　　　　　　　　版权所有　违者必究

第二版前言

本书为化工单元过程操作技能培训教材，在内容的编写中，注重培养理论知识的应用能力，以及化工生产操作人员应当具有的基本素质。

由于化工生产的特殊性，在中等职业学校的实践教学中受到硬件条件的限制，大多没有与真实生产过程完全相同的实训装置。本书从实际出发，以化工生产操作为背景，利用多数学校现有的化工大批量实训装置，开发出一些基本的技能训练项目，这些训练项目虽不能完全代表真实生产过程中的操作内容，但通过基本的操作训练，能够使学习者对化工生产操作的基本程序、操作要求和规范以及安全知识等有一个初步的了解，并掌握基本的操作技能，同时初步养成化工生产操作人员应当具有的基本工作素质。

为使多数学校在实践教学中能够进行单元操作技能培训，本书引入了由北京东方仿真控制技术有限公司出版的《化工原理仿真实验》软件，介绍了在仿真软件上进行操作技能培训的方法，使技能培训的手段得到了拓宽，为各学校进行操作技能培训提供了方便。

本书由广东省石油化工职业技术学校侯丽新主编，并编写第3、4、7章，第5、6、8章由河南化学工业学校蔡庄红编写，第1、2、9、10章由广东省石油化工职业技术学校石明辉编写，书中实训装置图由广东省石油化工职业技术学校雷洁勤绘制。本书在修订编写过程中得到了许多同行的热心支持和帮助，在此表示衷心的感谢。

本书由于编写时间仓促，不妥之处，恳请读者给予批评指正。

编　者
2009 年 5 月

第一版前言

本书为化工单元过程操作技能培训教材，在进行生产操作技能的培训过程中，注重培养理论知识的应用能力，以及化工生产操作人员应当具有的基本素质。

由于化工生产的特殊性，在中等职业学校的实践教学中受到硬件条件的限制，大多没有与真实生产过程完全相同的生产装置。针对这种情况，本书从实际出发，以化工生产操作为背景，利用多数学校现有的化工原理实验装置，模拟生产过程，开发出一些基本的生产操作项目，这些操作项目虽不能完全代表真实生产过程中的操作内容，但通过操作训练，能够使学习者对化工生产操作的基本程序、操作要求、操作规范、安全知识等有一个概括的了解，并掌握基本的操作技能，同时初步养成化工生产操作人员应当具有的基本工作素质。

为使多数学校在实践教学中能够进行单元操作技能的培训，本书引入了由北京东方仿真控制技术有限公司研制开发的《化工原理仿真实验》，介绍了在仿真软件上进行操作技能培训的方法，使操作技能的培训手段得到了拓宽，为各学校进行操作技能培训提供了方便。

本书由广东省化学工业学校侯丽新主编，并编写第 1、3、4、7 章，第 5、6、8 章由河南省化学工业学校蔡庄红编写，第 2、9、10 章由广东省化学工业学校石明辉编写，广西石化高级技工学校韦国昊编写了第 1 章中的部分内容。书中第 2、3、4、5、9 章中的实训装置三维图由广东省化工学校雷洁勤绘制。全书由徐州化学工业学校周立雪审阅。本书在编写过程中得到了许多同志的热心支持和帮助，在此表示衷心的感谢。

本书由于编写时间仓促，不妥之处，恳请读者给予批评指正。

编　者

2002 年 5 月

目　　录

第1章　绪论 …………………………………………………………………………… 1

　1.1　课程的目的与任务 ………………………………………………………………… 1

　1.2　课程的内容 ………………………………………………………………………… 1

　1.3　仿真软件使用说明 ………………………………………………………………… 1

　　1.3.1　仿真实验的启动 ……………………………………………………………… 1

　　1.3.2　仿真系统主要功能 …………………………………………………………… 1

第2章　流体输送岗位 ………………………………………………………………… 5

　2.1　工艺管线简介 ……………………………………………………………………… 5

　　2.1.1　工艺管线 ……………………………………………………………………… 5

　　2.1.2　工艺管线的标识 ……………………………………………………………… 5

　2.2　阀门的认识 ………………………………………………………………………… 6

　　2.2.1　阀门简介 ……………………………………………………………………… 6

　　2.2.2　技能训练1　认识各种阀门的结构及使用方法 …………………………… 10

　　2.2.3　阀门的维护与保养 …………………………………………………………… 11

　2.3　离心泵操作技能训练 ……………………………………………………………… 11

　　2.3.1　操作技能训练装置 …………………………………………………………… 11

　　2.3.2　技能训练2　认识离心泵工作流程 ………………………………………… 12

　　2.3.3　技能训练3　离心泵的开车操作 …………………………………………… 12

　　2.3.4　技能训练4　离心泵的正常操作 …………………………………………… 13

　　2.3.5　技能训练5　离心泵的正常停车 …………………………………………… 14

　　2.3.6　离心泵常见故障及处理方法 ………………………………………………… 14

　2.4　离心泵仿真操作技能训练 ………………………………………………………… 15

　　2.4.1　离心泵仿真工作流程 ………………………………………………………… 15

　　2.4.2　开泵操作 ……………………………………………………………………… 15

　　2.4.3　流量调节与工艺参数的变化 ………………………………………………… 16

　　2.4.4　停泵操作 ……………………………………………………………………… 17

第3章　换热器岗位 …………………………………………………………………… 18

　3.1　常用换热器类型及主要性能 ……………………………………………………… 18

　　3.1.1　列管换热器 …………………………………………………………………… 18

3.1.2 其他类型换热器 ………………………………………………………… 19

3.2 套管换热器操作技能训练 ………………………………………………… 20

3.2.1 操作技能训练装置 ………………………………………………… 20

3.2.2 技能训练 6 认识套管换热器流程及测量仪表 ……………………… 21

3.2.3 技能训练 7 换热器的开车操作 …………………………………… 22

3.2.4 技能训练 8 正常运行操作及要点 ………………………………… 23

3.2.5 技能训练 9 换热器的停车操作 …………………………………… 23

3.2.6 换热过程常见异常现象及处理方法 ……………………………… 23

3.3 套管换热器仿真操作技能训练 …………………………………………… 24

3.3.1 套管换热器仿真工作流程 ………………………………………… 24

3.3.2 开车操作 …………………………………………………………… 25

3.3.3 空气流量调节及其出口温度的变化 ……………………………… 25

3.3.4 停车操作 …………………………………………………………… 25

第4章 精馏岗位 ………………………………………………………………… 26

4.1 精馏过程简介 ……………………………………………………………… 26

4.1.1 典型精馏装置及工艺流程 ………………………………………… 26

4.1.2 间歇精馏装置及工艺流程 ………………………………………… 27

4.2 筛板式精馏塔基本操作技能训练 ………………………………………… 27

4.2.1 技能训练装置 ……………………………………………………… 27

4.2.2 技能训练 10 认识精馏流程 ……………………………………… 28

4.2.3 技能训练 11 精馏装置的开车操作 ……………………………… 29

4.2.4 技能训练 12 精馏过程的正常操作与工艺参数的调节 ………… 30

4.2.5 技能训练 13 精馏装置的停车操作 ……………………………… 31

4.2.6 技能训练 14 液泛现象及其处理方法 …………………………… 31

4.3 精馏操作中常见异常现象及处理方法 …………………………………… 32

4.4 精馏岗位仿真操作基本技能训练 ………………………………………… 33

4.4.1 筛板式精馏塔仿真装置及流程 …………………………………… 33

4.4.2 全回流操作 ………………………………………………………… 33

4.4.3 部分回流操作 ……………………………………………………… 34

第5章 吸收及解吸岗位 ………………………………………………………… 36

5.1 吸收装置与流程 …………………………………………………………… 36

    5.1.1　常见的吸收工艺流程 ··· 36

    5.1.2　吸收和解吸联合吸收流程 ··· 37

  5.2　填料吸收塔操作技能训练 ·· 38

    5.2.1　技能训练装置 ·· 38

    5.2.2　技能训练 15　认识吸收流程 ···································· 39

    5.2.3　技能训练 16　罗茨鼓风机的操作 ····························· 40

    5.2.4　技能训练 17　氨气系统的操作 ································· 41

    5.2.5　技能训练 18　填料吸收塔的开车准备 ····················· 41

    5.2.6　技能训练 19　填料吸收塔的开车操作 ····················· 42

    5.2.7　技能训练 20　填料吸收塔的正常操作与工艺参数的调节 ··· 43

    5.2.8　技能训练 21　尾气分析仪的认识及操作 ··················· 44

    5.2.9　技能训练 22　吸收装置的停车 ································· 45

  5.3　常见异常现象及处理方法 ·· 46

  5.4　填料吸收塔仿真基本操作技能训练 ································· 47

    5.4.1　填料吸收塔仿真装置及流程 ···································· 47

    5.4.2　开车操作 ·· 47

    5.4.3　尾气分析操作 ·· 48

    5.4.4　操作参数变化对吸收效果的影响 ····························· 48

    5.4.5　停车操作 ·· 49

第 6 章　离心式压缩机的操作 ··· 50

  6.1　离心式压缩机 ·· 50

  6.2　离心式压缩机基本操作技能训练 ···································· 50

    6.2.1　技能训练 23　离心式压缩机的开车 ························· 50

    6.2.2　技能训练 24　压缩机的倒车 ··································· 52

    6.2.3　技能训练 25　离心式压缩机的正常停车 ··················· 53

    6.2.4　技能训练 26　离心式压缩机的紧急停车 ··················· 53

    6.2.5　离心式压缩机的正常操作与维护 ····························· 54

  6.3　常见异常现象及处理方法 ·· 55

第 7 章　非均相物系分离岗位 ··· 57

  7.1　板框压滤机的操作 ·· 57

7.1.1 技能训练装置 ………………………………………………………………… 57

7.1.2 **技能训练 27** 认识板框压滤机的结构及工作流程 ……………………… 57

7.1.3 **技能训练 28** 板框压滤机的正常开停车与操作 ……………………… 58

7.1.4 板框压滤机常见异常现象与处理方法 ……………………………………… 59

7.1.5 板框压滤机的使用与维护 …………………………………………………… 59

7.2 转鼓真空过滤机的操作 …………………………………………………………… 59

7.2.1 技能训练装置 ………………………………………………………………… 59

7.2.2 **技能训练 29** 认识转鼓真空过滤机的结构及工作流程 ………………… 60

7.2.3 **技能训练 30** 转鼓真空过滤机的正常开停车与运行 …………………… 61

7.2.4 转鼓真空过滤机常见异常现象与处理方法 ………………………………… 61

7.2.5 转鼓真空过滤机的使用与维护 ……………………………………………… 61

第8章 蒸发岗位 ………………………………………………………………………… 62

8.1 蒸发装置及流程 …………………………………………………………………… 62

8.1.1 单效蒸发装置及流程 ………………………………………………………… 62

8.1.2 多效蒸发装置及流程 ………………………………………………………… 63

8.2 顺流加料三效蒸发基本操作技能训练 …………………………………………… 65

8.2.1 **技能训练 31** 蒸发装置的正常开车 ……………………………………… 65

8.2.2 **技能训练 32** 蒸发装置的停车操作 ……………………………………… 65

8.2.3 蒸发过程操作要点 …………………………………………………………… 66

8.2.4 常见异常现象与处理方法蒸发过程正常操作要点 ………………………… 67

第9章 干燥岗位 ………………………………………………………………………… 68

9.1 干燥器及流程简介 ………………………………………………………………… 68

9.1.1 气流干燥器 …………………………………………………………………… 68

9.1.2 喷雾干燥器 …………………………………………………………………… 68

9.1.3 流化床干燥器 ………………………………………………………………… 70

9.2 洞道式气流干燥器基本操作技能训练 …………………………………………… 70

9.2.1 技能训练装置 ………………………………………………………………… 70

9.2.2 **技能训练 33** 认识洞道式气流干燥器的工作流程 ……………………… 70

9.2.3 **技能训练 34** 洞道式气流干燥器的开车、工艺参数调节及停车 ……… 71

9.3 洞道式气流干燥器仿真操作技能训练 …………………………………………… 72

9.3.1 洞道式干燥器仿真操作流程 ………………………………………………… 72

9.3.2 仿真操作 ……………………………………………………………………… 72

第 10 章　冷冻岗位 ·· 75

　10.1　空气调节器实训装置及流程 ··· 75

　10.2　空气调节器基本操作技能训练 ·· 76

　　10.2.1　**技能训练 35**　空气调节器制冷、制热原理和流程的认识············· 76

　　10.2.2　**技能训练 36**　空气调节器的制冷、制热操作···························· 76

　　10.2.3　空气模拟实训设备的故障与处理方法 ································· 77

参考文献 ··· 78

第 1 章 绪 论

1.1 课程的目的与任务

《化工单元操作实训》是在学习了《化工过程及设备》课程的基础上，结合化工单元操作的岗位要求，进行化工生产基本操作技能训练的一门课程。其目的是：①通过基本操作技能的训练，使学生能够初步了解常见化工单元生产操作的基本知识、操作要求和安全规范，并掌握一定的操作技能；②在技能训练的过程中，通过动手操作以及对基本操作原理的进一步认识，培养学生科学的思维方法，这将有益于提高学生分析问题、解决问题的能力；③建立安全操作意识，养成严格遵守操作规程的良好习惯和严肃认真的工作态度，从而具备工程技术人员的基本工作素养。

1.2 课程的内容

本课程共包含9个化工单元过程的基本操作训练，共分为基础模块和选做模块两个部分，基础模块有：液体输送岗位、换热器岗位、精馏岗位、吸收与解吸岗位共4个单元过程。选做模块有：离心压缩机的操作、非均相物系分离岗位、蒸发岗位、干燥岗位、冷冻岗位共5个单元过程。全部9个化工单元过程的内容都安排了相应的操作训练，其中离心泵、换热器、精馏、吸收、干燥共5个单元过程还安排了仿真操作训练。

在操作训练项目的选择上，主要是从两个方面考虑：一方面是以真实的生产基本过程为基础，另一方面结合大部分学校现有实训设备的条件下实施训练的项目。虽然这些训练项目不能全面反映真实生产过程的操作规程，但却有一定的代表性，通过这些项目的练习，可以对化工生产过程及基本的生产操作项目有初步的认识。对不具备实训装置的学校，可选择仿真软件进行操作训练。

1.3 仿真软件使用说明

由北京东方仿真控制技术有限公司开发研制的化工原理仿真实验分上、下两篇。上篇共有4个实验，分别是：离心泵特性曲线的测定、流量计的认识和校核、流体阻力系数测定、换热实验。下篇共有3个实验，分别是：精馏实验、吸收实验和干燥实验。

1.3.1 仿真实验的启动

鼠标左键单击 Windows 桌面上的"开始"菜单，选择"程序/东方仿真/化工原理/化工原理实验（上、下）篇"选项，单击该选项，即可启动仿真实验。

1.3.2 仿真系统主要功能

下面以离心泵特性曲线测定实验为例，介绍仿真实验软件的使用方法。

离心泵性能测定实验的主界面如图 1-1 所示，主要由三部分组成。

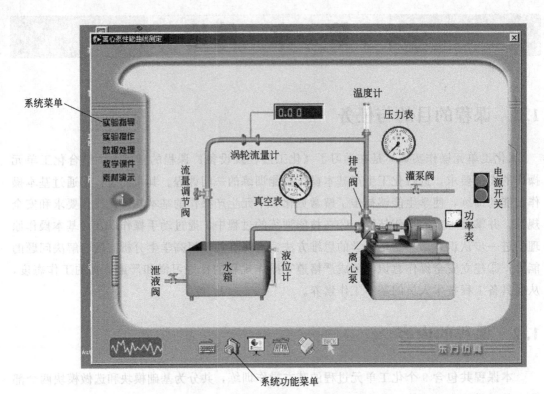

图 1-1 离心泵性能测定实验主界面

（1）系统菜单 有"实验指导、实验操作、数据处理、教学课件、素材演示"五个选项，单击作一选项，即可进入相应的界面。

实验指导——介绍实验目的、实验设备、实验流程以及简单的操作步骤。

实验操作——详细介绍每一个实验步骤的操作方法。

数据处理——通过数据处理窗口，进行数据记录、计算、曲线绘制或方程回归等。

教学课件——讲解实验操作方法的多媒体课件。

素材演示——实验设备及相关仪器、仪表的录像、照片等。

（2）系统功能菜单 有"自动记录、记录授权、思考题、声音控制、打印设置、退出"六项功能。

——"自动记录"按钮。可以自动记录当前的实验数据。注意：需要先在"记录授权"中键入密码才能打开此功能。授权后可自动记录实验数据并填入数据处理表格中。

——"记录授权"按钮。对自动记录进行授权，以确定使用者有要使用"自动记录"。密码为"password"。

——"思考题"按钮。鼠标左键单击后可进入"思考题"界面，练习完成后，可给出总成绩。

——"声音控制"按钮。可调节系统音量的大小。

——"打印设置"按钮。用于改变你所使用计算机的打印设置。

——"退出"按钮。退回到实验上篇或实验下篇的画面上。

（3）思考题的使用　思考题的主界面如图 1-2 的所示。思考题均以选择题的方式给出。

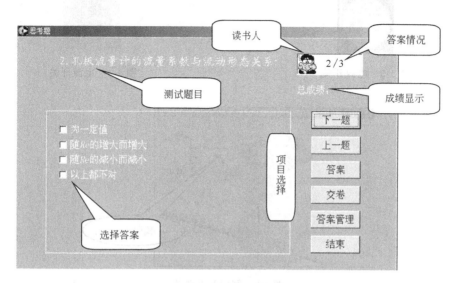

图 1-2　思考题主界面

① 测试题目。在窗口上方以淡绿色文字表示。

② 选择答案。在窗口的中间位置，每个选择答案前有一方框，答题时只需用鼠标单击正确答案，此时答案前的小方框内出现"√"号，表示已选择，再次单击后，"√"号消失，表示不选择。

③ 项目选择。窗口右侧共有 6 个按钮，分别是 下一题 、 上一题 、 答案 、 交卷 、 答案管理 、 结束 。完成一个题目后，可用鼠标单击 下一题 或 上一题 按钮，选择其他题目。

④ 查看答案。当你选择完答案后，用鼠标单击 答案 按钮，可以判断你所选择答案的对与错。

⑤ 答题情况。在窗口的右上角，显示答题次数和总题数，例如：2/3 表示共有 3 题，当前正在做第 2 题。

⑥ 成绩显示。答题完成后，单击 交卷 按钮，在"总成绩"处显示你的成绩。

⑦ 答案管理。用于更改已有的答案或给新添加的题目填写答案。

⑧ 退出思考题界面。单击结束按钮关闭思考题窗口，回到图 1-1 所示的实验主界面。

（4）电源开关的使用　实验装置中的电源开关有两种，如图 1-3 和图 1-4 所示。

用鼠标左键单击图 1-3 所示电源开关上方的绿色按钮，即接通电源，再次单击，即可关闭电源。

（5）阀门开度调节　阀门用于调节流量的大小。单击要调节的阀门，出现图 1-5 所示的窗口。方框中的数字表示阀门的开度，可调节的范围是 0～100。

图 1-3 电源开关 图 1-4 电源开关

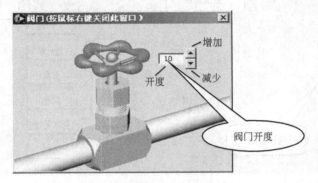

图 1-5 阀门开度调节

用鼠标左键单击"增加"按钮，每单击一次，开度增加 5。单击"减少"按钮，每单击一次，开度减少 5。也可以在方框中直接输入数值。阀门调节完成后，在窗口内任意位置用鼠标右键单击，即可关闭该窗口。

注意：① 如果用鼠标左键单击窗口右上角的 ⊠ 按钮，则窗口关闭，输入的开度值将不被确认。

② 如果输入的开度值小于 0，系统按 0 记，输入开度数值大于 100，系统按 100 记。

（6）U 形管压差计的使用 读取 U 形管压差计的数据时，用鼠标左键单击 U 形管压差计即可将 U 形管压差计放大，如图 1-6 所示。用鼠标拖动滚动条至合适的位置，可以读取 U 形管压差计两边液柱高度的数值。

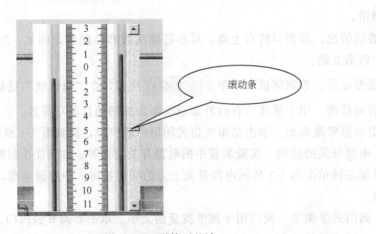

图 1-6 U 形管压差计

第2章 流体输送岗位

在任何一种化工产品的生产中，都离不开流体的输送。输送机械的正常运转，为生产中各类物流的畅通提供了可靠的保证。

流体输送岗位的主要工作包括：

① 熟练地进行机泵的开车、停车；

② 根据生产情况调节输送能力；

③ 维护和保养设备；

④ 对使用的机泵进行小修；

⑤ 发现并处理生产系统中出现的异常现象和事故；

⑥ 填写生产记录报表。

2.1 工艺管线简介

2.1.1 工艺管线

工艺管线是用来输送流体的。根据液体的性质、种类、工作状况的不同，应选择不同的管线。

碳素钢管主要用于低压管道，可输送蒸汽、压缩空气、惰性气体、煤气、天然气、氢气、氧气、乙炔、氨气、液氨、水、油类等介质。由于碳素钢管具有一定的耐腐蚀性能，还可以输送常温下的碱溶液。

低合金钢管强度高并且耐热，主要用于中、高压管路，如中温中压的半水煤气、高温油品油气、高温高压气水介质等。

不锈钢有很强的耐腐蚀性、耐酸碱性，清洁度较高，可输送有机酸、碱，例如含量<95%的硝酸、80%~100%的浓硫酸、<70%的氢氧化钠以及饱和硫酸铵、碳酸钠等。

化工生产中常用的有色管路中，铝合金管常用于含硫废气和海水的输送；铜管中的紫铜管和黄铜管大多数用于制造换热设备和深冷管路，以及仪表测压管和液压传输管；铅管主要用于输送150℃、70%~80%硫酸和<10%的盐酸。铅是有毒的，不能输送食品和生活用水。

2.1.2 工艺管线的标识

连接各种化工生产设备的管路纵横交错，为了使操作者便于区分各种类型的工艺管路，必须在管路的保护层或保温层表面涂上不同颜色以显示其类别的不同。表2-1列出了常用管道的涂色规定。底色是指在整条管道上涂刷的颜色，色环是指在每条管道上间隔一定的距离沿径向涂刷宽100mm的颜色色环。

表2-1 常用管道的涂色规定

序号	介质类型	底色	色环	序号	介质类型	底色	色环
1	工业上水	绿色		3	消防水	绿色	大红色
2	清洁下水	绿色		4	消防泡沫	红色	

续表

序号	介质类型	底色	色环	序号	介质类型	底色	色环
5	过热蒸汽	铝色		9	氨水	黑色	
6	油类	棕色		10	液氨、氨气	棕色	
7	氧气	浅蓝色		11	硫酸溶液	紫色	大红色
8	压缩空气	浅蓝色		12	氢氧化钠溶液	紫色	深蓝色

2.2　阀门的认识

化工生产流程中的工艺管线是由管道、管件和阀件（阀门）组成的。

阀门在化工生产中起着相当重要的作用。它可以控制化工设备和管线中流体的流动方向、流量和压力的大小，以满足生产工艺的需要。当遇到设备超压时，通过阀门可以排泄压力，保证设备安全运行。

2.2.1　阀门简介

阀门的种类很多，结构多种多样。比较常用的有旋塞阀、截止阀、节流阀、闸阀、止回阀、安全阀、减压阀和疏水阀。

（1）旋塞阀　又称考克，如图2-1所示。属于快开型，旋塞可以在阀体内自由旋转，当旋转90°时，旋塞的孔正对着阀体的进口，流体就从旋塞中通过，再旋转90°时，阀门即关闭。旋塞上部用填料密封。这种阀门结构简单，全开时流体阻力小。

旋塞阀适用于输送含有沉淀和结晶以及黏度较大的物料，也适用于直径不大于80mm及温度不超过120℃、允许工作压力（表压）<1MPa的管路和设备上，不适用于口径较大、压力较高或温度较高的场合。

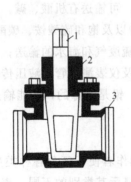

图2-1　旋塞阀
1—阀杆（带锥形塞）；
2—填料；3—阀体

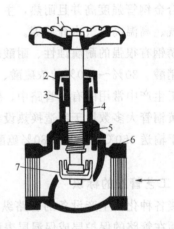

图2-2　截止阀
1—手轮；2—填料盖；3—填料；4—阀杆；5—阀盖；6—阀体；7—阀盘

（2）截止阀　俗称球形阀或球心阀，如图2-2所示。其特点是密封性好、操作可靠、易于调节流量和截断流体，但截止阀结构复杂、阻力大、开启与关闭缓慢。截止阀应用范围很广，主要用在输送蒸汽、压缩空气和真空管路上，也可用在输送各种物料的管路中，但不能用于有沉淀物、易于析出结晶或黏度较大、易结焦的输送管路中。

（3）闸阀　结构如图2-3所示。其特点是介质通过阀门时为直线流动，全开时流体阻力最小，但它的结构复杂、外形较大、开启缓慢而且费力，不宜用作流量的调节。闸阀主要应用于大直径的供水管路，也可用于压缩空气、真空管路和温度在120℃以下的低压气体管路，不宜用于介质中含有沉淀物质的输送管路。

（4）止回阀　又称止逆阀或单向阀。止回阀可分为升降式（跳心式）和摆动式（摇板式），如图2-4（a）、图2-4（b）所示。升降式止回阀的优点是结构简单、密封性较好、安装维修方便；缺点是阀芯容易被卡住。主种阀门一般安装在水平管道上。摆动式止回阀优点是结构简单、流体阻力较小；缺点是噪声较大、密封性较差。止回阀适用于安装了泵和压缩机的管路，以及有疏水器的排水管和其他不允许介质作反向流动的管路。

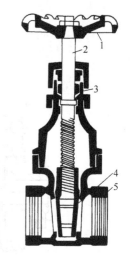

图2-3　闸阀

1—手轮；2—阀杆；3—填料；

4—楔形闸板；5—阀体

（5）安全阀　是一种自动泄压报警装置。当介质的工作压力超过规定值时，它就能自动地将阀盘开启，将过量的介质排出；当压力恢复正常后，阀门又自动关闭。安全阀主要应用在受内压的设备和管路上，一些重要的受压容器装有两个安全阀。

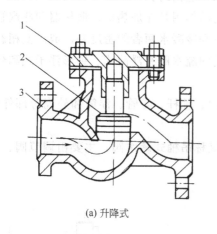

(a) 升降式

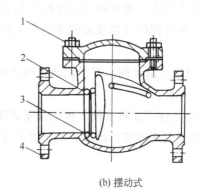

(b) 摆动式

图2-4　止回阀

1—阀盖；2—阀芯；3—阀体；4—阀座

① 杠杆重锤式安全阀。杠杆重锤式安全阀如图2-5(a)所示。这种安全阀是利用重锤的重量，通过杠杆的作用，将阀芯压在阀座上，作用在阀芯上的压力大小是通过移动重锤的位置而改变重锤与杠杆支点之间的距离来调整的。当介质的压力作用于阀芯上的托力大于由重锤通过杠杆而作用在阀芯上的压力时，阀芯被顶起离开阀座，介质向外排出，安全阀开启；当介质作用于阀芯上的托力小于重锤通过杠杆作用在阀芯上的压力时，阀芯下压并与阀座重新紧密结合，介质停止排出，安全阀关闭。

② 弹簧式安全阀。弹簧式安全阀如图2-5(b)所示。它是利用弹簧的压力来平衡设备内的压力，也就是根据设备内的压力大小来调节弹簧的压力，其调节方法是先拆下安全

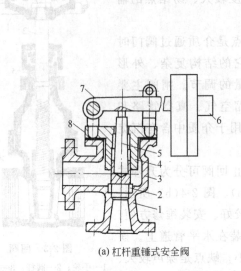
(a) 杠杆重锤式安全阀

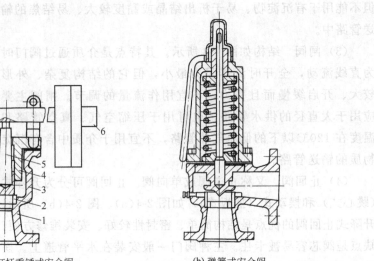
(b) 弹簧式安全阀

图 2-5　安全阀
1—阀体；2—阀座；3—阀盘；4—导向套筒；5—阀杆；6—重锤；7—杠杆；8—阀盖

罩，拧松锁紧螺母，即可旋转套筒螺丝，使上部的弹簧上下移动，因此改变了弹簧的压缩程度，也改变了弹簧对阀盘的压力，使该阀盘在指定的工作压力下能自动开启。调节完成后，用锁紧螺母固定，再套上上安全护罩，并加铁丝铅封。

（6）疏水阀　又称阻气排水阀或疏水器，它的作用是在加热器、散热器和蒸汽管道中自动排出冷凝水。疏水阀的工作原理是利用蒸汽和冷凝水两者的密度差，或改变相态的物理性质，促使阀门开启或关闭来进行工作。常用的疏水阀有浮筒式、钟形浮子式和热力式三种。

① 浮筒式疏水阀。浮筒式疏水阀主要由阀门、轴杆、导管、浮筒和外壳等部件组成，如图 2-6 所示。

② 钟形浮子式疏水阀。钟形浮子式疏水阀又称吊桶式疏水阀，主要由调节阀、吊桶、外壳和过滤装置等部件组成，如图 2-7 所示。

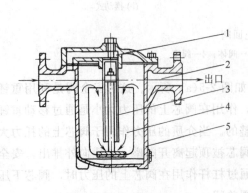

图 2-6　浮筒式疏水阀
1—节流阀；2—轴杆；3—导管；
4—浮筒；5—外壳

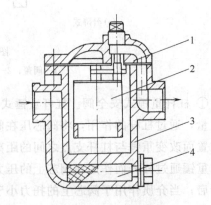

图 2-7　钟形浮子式疏水阀
1—调节阀；2—吊桶；3—外
壳；4—过滤装置

③ 热力式疏水阀。热力式疏水阀主要由变压室、阀片、外壳和过滤装置等部件组成，如图2-8所示。

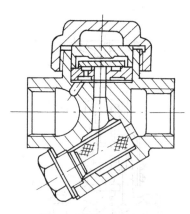

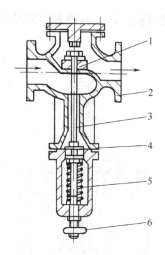

图2-8 热力式疏水阀

图2-9 弹簧薄膜式减压阀
1—阀芯；2—阀体；3—阀杆；
4—薄膜；5—弹簧；6—手轮

（7）减压阀 减压阀的作用有两个，一是降低设备和管道内过高的介质压力，保证生产在稳定的压力条件下进行；二是依靠介质本身的能量，使出口压力自动保持稳定。常用的减压阀有弹簧薄膜式和活塞式两种。

① 弹簧薄膜式减压阀。弹簧薄膜式减压阀主要由弹簧、薄膜、阀杆、阀芯、阀体等部件组成，如图2-9所示。当弹簧上部的介质压力高于薄膜下部的弹簧压力时，薄膜向下移动，压紧弹簧，阀杆随即带动阀芯向下移动，使阀芯的开启度减小，由高压端通过的介质流量随之减少，从而使出口压力降低到规定的范围内；当薄膜上部的介质压力小于下部的弹簧压力时，弹簧自由伸长，顶着薄膜向上移动，阀杆随即带动阀芯向上移动，使阀芯的开启度增大，由高压端通过的介质流量随之增多，从而使出口处的压力升高到规定的范围内。

② 活塞式减压阀。活塞式减压阀主要是通过活塞来平衡压力，如图2-10所示。当调节弹簧在自由状态时，由于阀前压力的作用，主阀弹簧上顶，使主阀和辅阀处于关闭状态。拧动调整螺栓顶开辅阀，介质由进口通道经过辅阀进入活塞上方的通道。由于活塞的面积比主阀大，而受力后向下移动，使主阀开启，介质流向出口，同时介质经过通道进入薄膜下部，逐渐使压力与调节弹簧压力平衡，使阀后压力保持在一定的误差范围内。如果阀后压力过高，薄膜下部压力大于调节弹簧压力，膜片向上移动，辅阀关小使流入活塞上方的介质减少，引起活塞及主阀上称，减小主阀开启程度，出口压力随之下降，达到新的平衡。活塞式减压阀适用于温度和压力较高的输送蒸汽、空气等管道或设备。

（8）节流阀 又称针形阀，节流阀阀芯较小，呈针形或圆锥形。通过阀芯与阀座之间间隙的细微改变，能精细地调节流量，或进行节流调节压力，如图2-11所示。节流阀的特点是体积小、密封性能好、适用于温度较低和压力较高介质的流量调节，但不宜做隔断阀。

2.2.2　技能训练 1　认识各种阀门的结构及使用方法

训练目标：认识各种阀门的结构，熟悉各种阀门的使用方法。

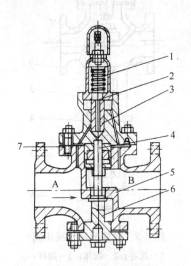

图 2-10　活塞式减压阀
1—调节弹簧；2—金属薄膜；3—辅阀；4—活塞；
5—主阀；6—主阀弹簧；7—调整螺栓

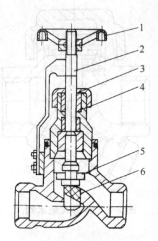

图 2-11　节流阀
1—手轮；2—阀杆；3—填料盖；
4—填料；5—阀体；6—阀芯

训练方法：利用实物或模型认识阀门，并填写下表。

阀　门		旋塞阀	截止阀	闸阀	止回阀	安全阀	疏水阀	减压阀	节流阀
开启阀门的方向	顺时针								
	逆时针								
	旋转 90°								
适用于调节流量的阀门									
用于限制流体流动方向的阀门									
当压力过高时能自动泄压并报警的阀门									
能够自动稳压的阀门									
能自动排出冷凝水的阀门									

操作要求：

① 众多阀门在一起时，一定要认清应该开启或关闭哪一个阀门，以免造成生产事故。

② 操作阀门时，将手轮逆时针方向转动是开启阀门，顺时针方向转动是关闭阀门。注意减压阀例外。

③ 开启或关闭阀门时用力要适当，不要用力过猛，使用扳手操作时尤其要注意，不要用锤敲击扳手或手轮，避免手轮或阀体崩坏。

④ 打开气体放空阀时，动作应缓慢，不要过快过急，以免产生静电起火。

⑤ 输送易结晶的物料时，有时阀门难以旋转无法开启，应先用蒸汽加热阀体，然后再开。操作阀门时要戴好手套。对于输送有毒介质的管路，若阀门有泄漏，更换填料时应戴好防毒面具。

考考你：

观察一段流体输送管路，分析管路上已安装的阀门，说明选择这些阀门的依据。

2.2.3 阀门的维护与保养

① 经常擦拭阀门的螺纹部位，保持清洁和润滑良好，使传动零部件动作灵活。

② 经常检查填料是否严密，是否有流体渗漏，如有渗漏，应适当拧紧压盖螺母，或增加填料。如果填料硬化变质，应更换新的填料，更换填料时应采取安全措施，防止流体溢出伤人。

2.3 离心泵操作技能训练

输送岗位主要的操作对象是输送机械，输送机械的种类很多，用途和性能各不相同。本节主要介绍离心泵的基本操作。

2.3.1 操作技能训练装置

离心泵操作技能训练装置如图 2-12 所示。

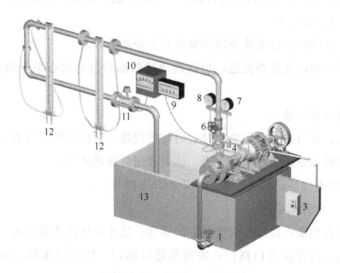

图 2-12　离心泵操作技能训练装置

1—泵进口阀；2—离心泵；3—电源开关；4—灌水阀；5—电机；6—泵
出口阀；7—真空表；8—压力表；9—转速表；10—频率表；
11—涡转流量计；12—倒 U 形压差计；13—水槽

观察与练习：仔细观察上述训练装置，并填写下表。

离心泵的型号和种类	
管道的直径和材料	
阀门种类及名称	
流量测量仪器的名称和单位	
转速测量仪器的名称和单位	
真空度测量仪表的名称及单位	
压力测量仪表的名称及单位	

2.3.2　技能训练 2　认识离心泵工作流程

训练目标：熟悉离心泵的工作流程，了解流体的流动方向，以及流量调节方法。

训练方法：根据对流程的认识，完成下面的思考与练习。

思考与练习：在离心泵输送装置中，被输送的液体是_____，离心泵将该液体抽出后，送入管路中，在液体流动的过程中经过了压差计、_____等测量仪表和阀门，最后该液体流入_____。从流程中可以看出离心泵的安装位置高于水箱中的水位，所以在起动离心泵之前一定要先向泵内____，否则会引起气缚现象。

2.3.3　技能训练 3　离心泵的开车操作

训练目标：掌握正确的开车操作步骤，了解相应的操作原理。

训练方法：在实训设备上按照下述内容及操作步骤进行操作练习。

离心泵在新安装或大修后，为了检查和消除在安装过程中可能隐藏的问题，在投入使用前，应首先对其进行检查，然后进行试车，经试车运转正常，才能交付使用。

（1）开车前的准备工作

① 检查离心泵的各连接螺栓及地脚螺栓有无松动现象。

② 检查轴承的润滑油是否充足，加注润滑油的标号应与离心泵说明书上要求的标号相符。

③ 轴封填料是否压紧。

④ 均匀盘车，应当无摩擦现象或时紧时松的现象，泵内不应有杂音。

⑤ 检查所用仪表是否完好，真空表、压力表指针应该指零。

待以上各项检查完毕，符合要求，可进行开车操作。

（2）离心泵正常开车步骤

① 关闭真空表与泵入口处连接管线上的旋塞，防止水压冲击真空表。

② 灌泵排气。打开泵出口阀门，关闭泵进口阀门，打开灌水阀，向离心泵内灌水，排出泵壳内的气体，当管道出口处有水流出时，灌泵结束。

③ 关闭离心泵出口阀门，进口阀门仍为关闭状态。关闭离心泵出口阀主要是为了防止电动机带负荷启动时，因电流过大而烧毁电动机。

④ 开启电源开关，注意观察电机是否运转正常，是否有杂音，当运转一切正常后，缓慢打开出口阀，这时可观察到压力表显示出较大的压力。

⑤ 缓慢打开出口阀门，根据要求调节水的流量。

⑥ 打开真空表连接管线上的旋塞，真空表显示出离心泵进口处真空度。注意观察流量、表压力、真空度，若无异常，离心泵进入正常运行状态。

操作要求：

当泵的出口阀门关闭时，泵的运转时间不能太长，否则会造成泵体发热。

考考你：

A. 泵壳的作用是：_____。

① 汇集能量　② 汇集液体　③ 将位能转化为静压能　④ 将动能转化为静压能

B. 离心泵的主要部件有五个，它们是____、____、____、____、____。

① 吸入阀　② 压力表　③ 叶轮　④ 密封环　⑤ 轴封装置　⑥ 泵轴　⑦ 泵壳

C. 在启动电机前，离心泵进、出口阀门的正确状态是：____。

① 进口阀门关闭，出口阀门开启　② 进口阀门开启，出口阀门关闭

③ 进、出口阀门均开启　　　　④ 进、出口阀门均关闭

D. 在进行灌水排气时，如何判断泵内空气已被排出？

E. 离心泵启动后，管路出口没有水出来，为什么？

F. 调节流量时，出口阀开至最大，出水量却不大，这可能是什么原因？

G. 离心泵启动前为什么要给泵内灌满被输送的液体？

2.3.4 技能训练4　离心泵的正常操作

训练目标：掌握离心泵正常运行时的工艺指标及相互影响关系，了解运行过程中常见的异常现象及处理方法。

训练方法：根据输送过程中各项工艺指标，判断操作过程是否运行正常；改变某项工艺指标，观察其他参数的变化情况，并分析变化的原因；针对运行过程中出现的不正常现象进行讨论，如气蚀、气缚、流量不稳或压力不稳等，分析产生的原因，提出解决的办法，并通过实际操作排除这些现象。

操作要求：

① 在训练过程中，要注重操作人员的相互配合，做到分工负责。注意做好常规检查记录，包括各类主要检查项目的记录和泵事故记录，以便进行事故分析和研究处理措施，另外也可预测部件寿命，进行有计划地维修和更换。

② 注意泵运转的噪声，出现异常，要及时报告和处理。

③ 经常检查填料函和轴承的温度，防止泵轴磨损和轴承烧坏。

④ 检查填料函泄漏量，泄漏严重应停泵检查，如果属于填料密封问题，应更换填料函。

⑤ 注意流量计、压力表和功率表的指针摆动情况，超过规定指标应立即查明原因并处理。

⑥ 保持泵体和电动机的清洁，并润滑良好。

考考你:

A. 若在管路内出现气体,会产生什么影响?造成管路中出现气体的原因有哪些?

B. 离心泵的流量又称为:_____。

C. 随着流量的增大,泵入口处的真空度与出口处的压力表读数如何变化的?你能找出流量变化与压力变化的规律吗?

2.3.5 技能训练5 离心泵的正常停车

① 关闭出口阀门,避免停泵后出口管线中的高压液体倒流入离心泵体内,使叶轮高速反转而造成事故。

② 关闭真空表连接管线上的旋塞。

③ 关闭电源开关。

④ 关闭各测量仪表电源开关。

⑤ 若离心泵不经常使用,需排净泵内液体,再关闭进口阀。

操作要求:

① 如果是切换停车,应先启动备用泵,缓慢开启出口阀门,再缓慢关小泵的出口阀门,直至完全关闭,尽量减少因切换而引起的流量波动。

② 对于轴承和填料函需要冷却的泵,停机时切记关闭冷却水系统。

③ 若离心泵长期停用,应将零件上的液体擦干,涂上防腐油,妥善保管。

④ 在北方寒冷季节,停泵后应将泵体内的液体放净,并冲洗干净,防止液体结冰时由于体积膨胀而将泵体崩裂。

2.3.6 离心泵常见故障及处理方法

离心泵的故障通常是由于产品有质量问题或安装不正确、检修维护不及时、操作不当、长期运转后零件磨损等原因引起的,发现后应及时排除,否则会造成事故。离心泵的常见故障及处理方法见表2-2。

表2-2 离心泵常见故障及处理方法

序号	异常现象	产生故障的原因	排除的方法
1	轴承温度过高	①轴承间隙不合适 ②轴承配合不好或润滑不良	①调整轴承间隙 ②更换轴承或换润滑油
2	进口真空度过小	①管路法兰连接处密封不好 ②密封不严密造成漏气	①拧紧螺栓或更换新垫圈 ②拧紧螺栓
3	出口压力下降	叶轮与密封之间的径向间隙增加	更换密封环,必要时拆泵检查
4	泵启动后送不出液体	①启动前未灌满液体 ②泵反向旋转 ③入口管路堵塞或底阀漏水 ④贮液槽内液位太低	①重新灌满液体 ②重新调整电机导线 ③停泵检查,排除异物,修阀 ④提高贮液槽内液位高度

续表

序号	异常现象	产生故障的原因	排除的方法
5	流量下降	①泵体内漏入空气 ②密封环磨损 ③发生气蚀 ④叶轮堵塞	①停泵后重新灌泵排气 ②更换密封环 ③憋压灌泵处理 ④停泵检查，排除异物
6	泵体振动大、有杂音	①泵与电机连接轴不同心 ②地角螺栓松动 ③发生气蚀 ④泵轴弯曲，旋转件与静止件摩擦 ⑤泵叶轮松动或有异物	①停泵检修 ②将地角螺栓拧紧 ③憋压灌泵处理 ④停泵更换轴承 ⑤停泵检查，排除异物

考考你：

A. 离心泵启动前为什么要向泵体内灌满被输送的液体？

B. 为什么要在泵出口阀门关闭的情况下启动离心泵？

2.4　离心泵仿真操作技能训练

2.4.1　离心泵仿真工作流程

该输送过程的工作介质为水，水循环使用。在离心泵的进出口装有真空表和压力表，采用涡轮流量计测量水的流量，其工作流程如图 2-13 所示。

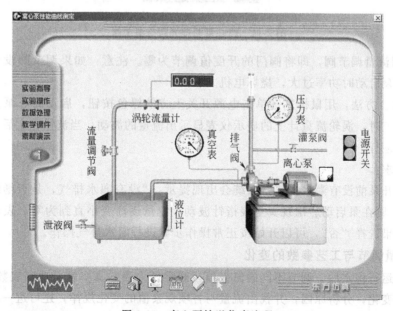

图 2-13　离心泵输送仿真流程

2.4.2　开泵操作

① 检查流量调节阀是否关闭。方法：用鼠标左键单击流量调节阀，阀门开度值为零

表示阀门关闭。

② 灌水排气。由于离心泵的安装高度高于水箱中水的液面，为防止产生气缚现象，启动离心泵之前，必须灌水排除泵体内残留的气体。

方法：鼠标左键单击灌泵阀，将开度值调节为 100；单击排气阀，调节排气阀的开度值大于 0 即可，当排气阀处有液体涌出时表示气体已经排尽，可以关闭排气阀和灌水阀，方法是将各阀门的开度值调节为零即可，灌水排气工作完成。如图 2-14 所示。

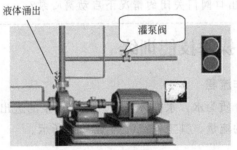

图 2-14　离心泵的排气阀与灌泵阀

③ 关闭流量调节阀，即将阀门的开度值调节为零。注意：如果调节阀没有关闭，极易导致离心泵启动时功率过大，烧坏电机。

④ 开泵。方法：用鼠标左键单击电源开关上方的绿色按钮，启动离心泵。当离心泵的流量不稳定时，涡轮流量计上的显示仪表显示出流量的波动，当流量稳定后，说明离心泵进入正常运行。

操作要求：

如果在开泵前没有灌水排气，系统会出现提示："没有灌水排气，是否继续？"，如果选择"是"，则在泵启动后出现真空表指针波动，流量逐渐变小直到为零，表示发生了气缚现象。如果选择"否"，可以开始按正常操作步骤进行灌水排气操作。

2.4.3　流量调节与工艺参数的变化

离心泵运行稳定后，调节不同的流量值，观察压力表、真空表、功率表数值的变化，记录数据的变化，分析原因，并找出流量与各项观察值的变化规律，还可进一步讨论数据变化的理论依据。

数据读取方法：用鼠标左键单击压力表、真空表或功率表，会弹出压力表和真空表的放大图，可以方便准确地读取相应的数据。如图 2-15 所示。

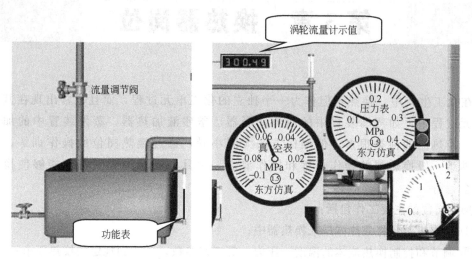

图 2-15　功率表、压力表、真空表、流量计示值显示图

2.4.4　停泵操作

① 关闭流量调节阀。

② 关闭电源开关，鼠标左键单击电源开关上的红色按钮即可。

第 3 章 换热器岗位

在化工生产中，换热不但作为一个独立的化工单元过程，而且也常出现在其他化工单元过程中，如蒸馏装置中的回流冷凝器、釜残液加热器，蒸发装置中的加热部分等。换热器的种类很多，但操作方法大同小异，通过换热岗位的操作训练，力求做到熟悉一般换热器的操作规程和操作要点，并具有安全操作意识，能够使换热过程安全运行。

换热岗位的主要工作包括：

① 操作机泵，将载热体送入换热器中；

② 调节和控制换热流体的温度、压力、等工艺参数，并达到规定的换热要求；

③ 检查换热器的运行情况，发现并处异常现象和事故；

④ 填写生产记录报表。

3.1 常用换热器类型及主要性能

3.1.1 列管换热器

（1）具有补偿圈的固定管板式列管换热器 如图 3-1 所示，这种换热器的优点是：具有温差补偿，适用于温差小于 60～70K 的换热过程；缺点是：不耐高温，壳程压力不能太大。

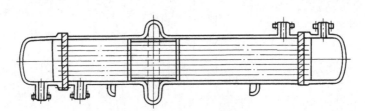

图 3-1 具有补偿圈的固定管板式列管换热器

（2）U 形管换热器 如图 3-2 所示，它的优点是：结构比较简单、重量轻、造价较低、管程耐高压，可用于温差较大的场合；缺点是：结构不紧凑，管板利用率低，更换管子不容易，管内机械清洗难。

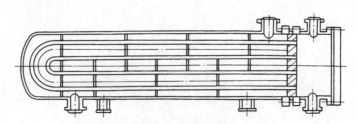

图 3-2 U 形管换热器

（3）浮头式列管换热器 如图 3-3 所示，它的优点是：具有浮头热补偿，可用于温差

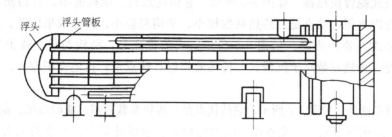

图 3-3 浮头式列管热热器

较大的场合，检修清洗方便；缺点是：结构不紧凑，管板利用率较低，更换管子不容易，管内机械清洗难。

3.1.2 其他类型换热器

（1）夹套换热器　如图 3-4 所示，它的优点是：结构简单、造价低、占地面积小、可在容器内加设蛇管或搅拌；缺点是：传热系数较小、传热面积受容器限制、夹套内部难清洗。

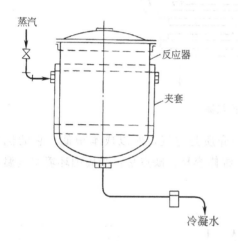

图 3-4 夹套换热器

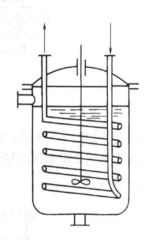

图 3-5 沉浸式蛇管换热器

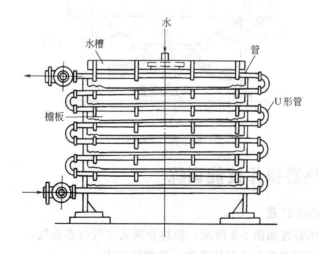

图 3-6 喷淋式蛇管换热器

（2）沉浸式蛇管换热器　如图 3-5 所示，它的优点是：结构简单、价格便宜、能承受高压、操作管理方便，缺点是：传热系数较小、平均温差小、传热效果较差。

（3）喷淋式蛇管换热器　如图 3-6 所示，它的优点是：结构简单、造价低、易于清垢、检修方便、传热系数高于沉浸式、传热效果好，缺点是：占地面积较大、对周围环境有水雾腐蚀。

（4）套管换热器　如图 3-7 所示，它的优点是：传热系数较高、能耐高压、制造方便、不易堵塞、传热面积易于增减；缺点是：阻力降较大、金属耗量大、占地面积大、检修工作量大。

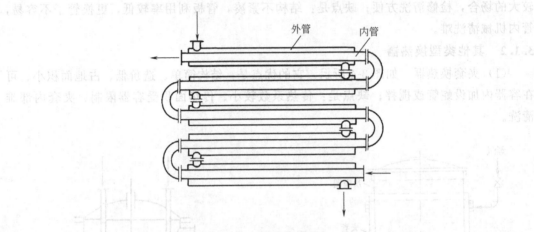

图 3-7　套管换热器

（5）空冷器　如图 3-8 所示，空冷器的冷却介质是空气，所以成本很低。它的优点是：投资和操作费用比用水作冷却介质时要低，维修容易；缺点是：受周围环境空气温度影响大，局限性大。

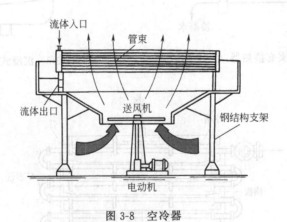

图 3-8　空冷器

3.2　套管换热器操作技能训练

3.2.1　操作技能训练装置

套管换热器训练装置如图 3-9 所示，换热介质为空气与水蒸气。

观察与练习：仔细观察上述训练装置，并填写下表。

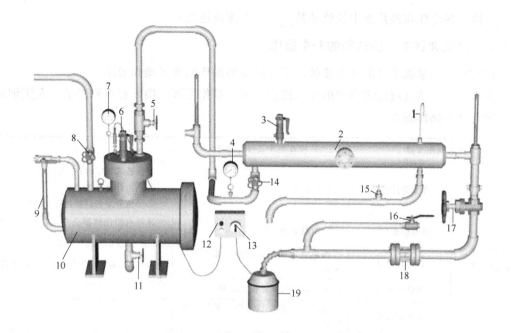

图 3-9　套管换热器流程

1—不凝气放空阀；2—套管换热器；3,6—安全阀；4,7—弹簧管压强计；5—水蒸气阀；

8—进水阀；9—液位计；10—水蒸气发生器；11—放水阀；12—电加热开关；13—空气泵开关；14—水蒸

气进口阀；15—疏水阀；16—旁路阀；17—空气流量调节阀；18—泵孔板流量计；19—空气泵

主要设备	换热设备种类及名称		
	输送物料的设备名称		
	温度计种类及名称		
	压强、压差测量仪器名称		
	阀门种类及名称		
	流量测量仪器名称		
空气	温度测量仪表名称及单位	压力测量仪表名称及单位	流量测量仪表名称
水蒸气	温度测量仪表及单位	压力测量仪表及单位	
温度与压力测量	壁面温度测量仪表及单位	压强降测量仪表及单位	

3.2.2　技能训练6　认识套管换热器流程及测量仪表

训练目标：熟悉换热装置中的各种设备及其名称，了解测量仪表的种类及其名称、掌握控制阀门的作用、冷热流体的进出口位置等。

训练方法：根据对流程的认识，完成下面的思考与练习。

思考与练习：在这套换热装置中，热流体是____，冷流体是____，冷流体是走套管换热器的内管，而热流体是走换热器的____。空气是用____泵送入换热器的，水蒸气来自于

___，冷、热流体在换热器中的流动是___（并流或逆流）。

3.2.3　技能训练7　换热器的开车操作

训练目标：掌握正确的开车步骤，了解基本的操作原理及操作要求。

训练方法：认真阅读表格中的开车操作步骤、操作原理、操作要求和提示。在实训装置上进行开车操作练习。

开车操作步骤		操作要求及操作原理	提 示
(1)开车前的检查工作	弹簧管压强计	指针指零	若读数不为零，应考虑： ①压力计是否正常； ②导压管是否连接完好，无堵塞
	热电偶温度计	冷端温度为0℃	冰与水的比例要适中，避免冰块太大，或冷端插入深度过小
	U形压差计	两根管中的指示剂液位要在同一水平面上	调零时，眼睛与液柱高度应保持水平
	单管压差计	指示液液位与零点保持水平	
	孔板流量计	与之相连接的U形管压差计连接完好	
	流量调节阀	处于关闭状态	
(2)打开疏水阀，排除换热器中的积液		减小热阻，保证传热效率	积液排放干净后，关闭疏水阀
(3)打开不凝气放空阀，排除换热器中的不凝性气体		减小热阻，保证传热效率	不凝气排放后暂时不要关闭放空阀
(4)开启空气泵电源开关		启动空气泵，向换热器中送入空气	提醒自己：现在可以接通电源了吗？
(5)缓慢开启冷流体流量调节阀，调节所需的流量		阀门不宜开得太猛，否则容易造成外壳与换热管伸缩不一致，产生热应力，使局部焊缝开裂或管口松弛	手轮式阀门的开启方向为逆时针；手柄式阀门的开启方向为90°旋转
(6)打开锅炉上输送水蒸气的总阀		将锅炉内的水蒸气送出	当锅炉内水蒸气压力达到规定值时方可送气
(7)缓慢开启水蒸气进口阀门，调节所需的水蒸气压力		加热换热器时，要做到先预热后加热，稳步升温，防止骤冷骤热，有损换热器寿命	①确定冷流体出口有空气流出时，才能开始送入水蒸气 ②有水蒸气排出时，可关闭不凝气放空阀

按照上述步骤完成开车操作后，注意观察温度、压力等参数是否稳定，当操作参数稳定后，换热器进入正常运行。

考考你：

A. 如何判断不凝气已排放干净？什么时候可以关闭不凝气放空阀？

B. 是否可以先送入水蒸气，再送入空气，为什么？

C. 根据理论知识判断：在开车时，有可能造成换热器热膨胀的错误操作是什么？热膨胀能产生哪些危害？

3.2.4 技能训练8 正常运行操作及要点

训练目标：熟悉换热器在正常工作状态下的常规检查内容，了解在换热过程中造成工艺参数发生变化的原因，掌握调节和控制换热过程稳定的方法。

训练方法：结合换热过程中的各项指标的要求，参照下述内容进行练习。

① 经常检查空气的流量是否在正常范围内。

② 经常检查水蒸气和空气的压力变化，尤其是水蒸气的压力变化，避免出现因压力变化而造成的温度变化，还应避免水蒸气压力过高造成危险，发现异常现象要及时查明原因，排除故障。

③ 经常检查或定期测定水蒸气和空气进出口温度的变化。

④ 在操作过程中，应定时排除不凝性气体，冷凝液的排除要顺畅。

⑤ 定时检查换热器有无流体的渗漏，有无振动现象，注意及时排除异常现象。

⑥ 当换热过程稳定后，读取各项操作参数，认真填入记录表。

⑦ 分析传热效率的变化情况。对比在不同条件下测量的数据，如空气出口温度、换热管压力降，针对测量数据的变化，分析产生的原因。

考考你：

A. 传热表面结垢严重，为什么会对传热效率有明显影响？

B. 污垢将使管内径变小，流速相应增大，这将对换热管压力降产生什么影响？

C. 为什么要定时排出不凝性气体，要保证冷凝液排放顺畅。

3.2.5 技能训练9 换热器的停车操作

训练目标：掌握正确的停车步骤，了解每一步的操作原理及操作要求。

训练方法：按照下述操作步骤进行操作练习。

① 首先关闭锅炉上的水蒸气总阀，再关闭水蒸气进口阀。

② 待残留的水蒸气冷凝液排出后，空气进、出口温度基本相同时，再关闭空气流量调节阀。如果较早地关闭空气调节阀，水蒸气热量无法带出，则换热管内有可能因热膨胀而遭到破损。

③ 关闭空气泵。

④ 停车后，将换热器内残留的冷凝液彻底排除，以防锈蚀或冻结。

3.2.6 换热过程常见异常现象及处理方法

异常现象	产生的原因	处理方法
污垢导致传热效率下降	①换热管内不凝气或冷凝液增多 ②管路或阀门有堵塞 ③换热管内、外壁严重结垢	①排放不凝气或冷凝液 ②检查清理 ③充分掌握易污部位、致污物质、污垢程度等,定期进行清洗

续表

异 常 现 象	产生的原因	处 理 方 法
管子发生振动	①壳程流体流速太快,或侧面进入的高速蒸汽对管子造成冲击 ②管路与泵共振	①调节进气量,在流体进口前设置缓冲槽防止冲击 ②加固管路
法兰泄漏	法兰泄漏常发生于螺栓紧固部位,螺栓随着温度上升而伸长,紧固部位发生松动	经常检查并紧固法兰螺栓
由于管子组装部位松动形成的泄漏	①管子振动或检修时操作不当产生机械冲击 ②开、停车和紧急停车时造成的冲击	①重新接管 ②避免在送入冷、热流体时,阀门开启太快
管子的腐蚀、磨损	①污垢腐蚀 ②流体为腐蚀性介质 ③管内壁有异物积累,发生局部腐蚀 ④管内流速过大,发生磨损	①定期进行清洗 ②提高管材质量或改用厚壁管,或者在流体中加入腐蚀抑制剂 ③在流体入口前设置滤网,过滤器等将异物除去 ④保持适当的流速

3.3　套管换热器仿真操作技能训练

3.3.1　套管换热器仿真工作流程

　　该换热过程所采用的换热介质为水蒸气与空气,水蒸气由蒸汽发生器提供,走换热器壳程,换热后生成的冷凝水直接排放,空气泵将空气送入换热器内管,换热流程如图3-10所示。

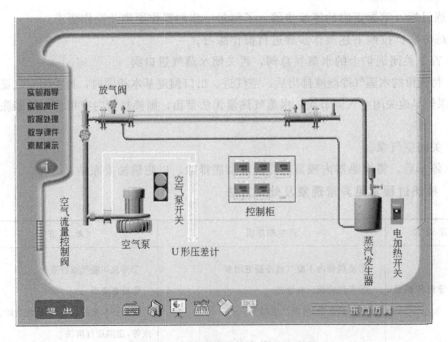

图 3-10　套管换热器仿真装置及流程

3.3.2 开车操作

① 向换热器内送入冷却介质——空气。方法：用鼠标左键单击空气泵开关上的绿色按钮，启动空气泵，单击空气流量控制阀，在弹出的阀门开度窗口中调节一定的开度值，开度代表一定的空气流量。

② 向换热器内送入加热介质——水蒸气。方法：用鼠标左键单击蒸汽发生器的电加热开关（再次单击时将关闭电加热开关），蒸汽发生器开始加热，产生的水蒸气将直接进入换热器的壳程。

③ 用鼠标左键单击放气阀，在弹出的阀门开度窗口中调节一定的开度值，排除壳程内的不凝性气体，当看到放气阀管口有水蒸气喷出后，将放气阀的开度值调回零，然后关闭放气阀。

上述三个步骤完成后，开车操作完成。

3.3.3 空气流量调节及其出口温度的变化

当空气流量发生变化时，换热过程的热负荷及空气出口的温度随之而变。在操作中可设定多组不同的空气流量，观察在不同的空气流量条件下，其出口温度的变化规律。

用鼠标左键单击控制柜，如图 3-11 所示，在弹出的控制柜窗口中显示出空气流量、进出口温度及蒸汽进出口温度的数值，可进行流量的调节与温度的观察。

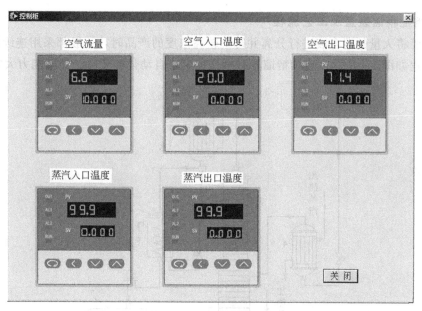

图 3-11 控制柜窗口

3.3.4 停车操作

① 关闭蒸汽发生器电加热开关。

② 用鼠标左键单击空气流量控制阀，将阀门开度值调为零，表明空气流量控制阀已关闭。

③ 用鼠标左键单击空气泵电源开关的红色按钮，表明空气泵停止运转。

第4章 精馏岗位

精馏岗位的工作者应当具有操作精馏塔的基本能力，学会识别精馏塔运行中出现的几种操作状态，并能够分析这些操作状态对精馏塔性能的影响。使精馏塔保持平稳运行，以较高的塔板效率获得较好的精馏效果。同时还应力求达到多方面指标要求，即不仅使产品质量达到要求，而且要使收率、能耗、安全、设备完好等都能达到要求，以较低的消耗分离出纯度高的产品。

精馏岗位的主要工作包括：

① 操作机泵、加热等设备，将液体混合物送入精馏塔或加热加压后送入精馏塔；

② 调节和控制精馏塔的温度、压力和回流比等工艺参数，保证精馏过程正常进行；

③ 对塔顶馏出液和塔釜残液取样分析，得出塔顶、塔底产品浓度；

④ 发现并处理精馏过程中的异常现象和事故；

⑤ 填写生产记录报表。

4.1 精馏过程简介

4.1.1 典型精馏装置及工艺流程

当需要将大量的混合液进行分离并得到较高浓度的产品时，一般都采用连续精馏。连续精馏流程如图 4-1 所示。连续精馏具有操作稳定、自动化程度高、处理能力大等特点。

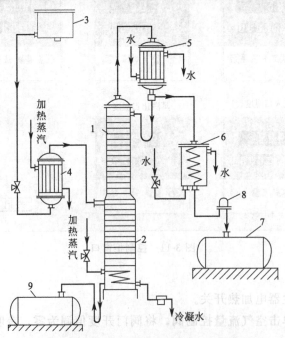

图 4-1 典型精馏装置及流程图

1—精馏段；2—提馏段；3—高位槽；4—原料预热器；

5—冷凝器；6—冷却器；7—馏出液贮槽；

8—观察罩；9—残液贮槽

4.1.2　间歇精馏装置及工艺流程

间歇精馏又称为分批精馏，其流程与连续精馏相比有许多不同的地方。如间歇精馏的加料不是向精馏塔中某一块板上加料，而是将原料液一次性地投入蒸馏釜中；而且间歇其精馏塔只有精馏段，没有提馏段，或者只有提馏段，没有精馏段。间歇精馏流程如图 4-2 所示。

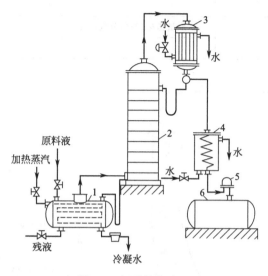

图 4-2　间歇精馏流程

1—蒸馏釜；2—精馏塔；3—冷凝器；4—冷却器；5—观察罩；6—馏出液贮槽

在间歇精馏过程中，由于料液是一次加入蒸馏釜中的，所以随着精馏过程的进行，釜内液体中的易挥发组分越来越少，当操作进行到釜内液体中易挥发组分的含量低于规定值时，即停止加热，排出釜中残留的全部液体。然后再投入新的一批原料液，重新开始精馏。

4.2　筛板式精馏塔基本操作技能训练

4.2.1　技能训练装置

图 4-3 展示的是筛板式精馏装置的工作流程，精馏塔内装有 14 块塔板，待分离的原料液是乙醇与水的混合物，原料液为常温进料，精馏塔塔釜采用电加热式再沸器，塔顶冷却器用水作冷却介质，设有塔釜测压点，同时还设有塔釜温度、塔顶温度和灵敏板温度 3 个测温点，采用转子流量计测量产品、回流和原料的流量。

观察与练习：仔细观察上述训练装置，并填写下表。

	精馏塔的种类	
	精馏塔的塔板数	
	换热设备种类及名称	
主要设备及仪表	输送物料的设备名称	
	温度计种类及名称	
	流量计种类及名称	
	灵敏板温度计的数量及位置	
	进料板的位置	

续表

	各组分含量（摩尔分数）/%	进料流量/(kg/h)	温度/K
原料液			
塔顶产品	质量指标（摩尔分数）/%	产量/(kg/h)	
塔釜残液	质量指标（摩尔分数）/%	产量/(kg/h)	

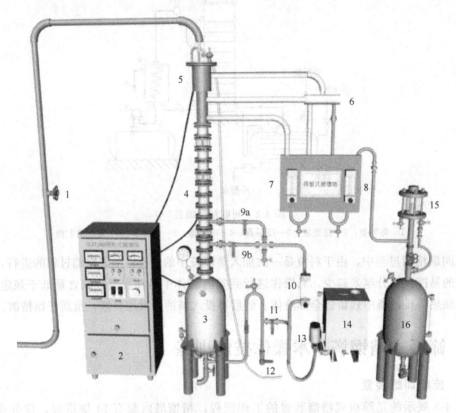

图 4-3　连续精馏实训装置及流程

1—冷却水流量调节阀；2—控制箱；3—塔釜再沸器；4—精馏塔；5—全凝器；
6—气液分离器；7—回流流量计；8—产品流量计；9a、9b—进料阀；
10—原料流量计；11—阀门；12—残液排出阀；13—原料泵；
14—原料箱；15—产品观察罩；16—产品贮罐

4.2.2　技能训练 10　认识精馏流程

训练目标：熟悉精馏生产流程，了解液体混合物的分离过程。

训练方法：根据对流程的认识，完成下面的思考与练习。

思考与练习：待分离的乙醇与水的混合物进入精馏塔后，经过每块塔板的分离，在塔顶得到的产品中_____的含量很高；在塔底得到的产品中_____的含量很高。塔内每块板上升的蒸气来自于_____，而每块板上下降的液体来自于_____。精馏塔的温度分布为：塔顶温度_____，而塔底温度_____。回流是可以调节的，增大回流比将会使塔顶产品的质量_____。

4.2.3　技能训练 11　精馏装置的开车操作

训练目标：掌握正确的开车步骤，了解基本的操作原理及操作要求。

训练方法：认真阅读下面表格中的开车操作步骤、操作原理及操作要求和提示，在实训设备上进行操作练习。

开车操作步骤		操作原理及操作要求	提　示
开车前的检查工作	转子流量计	是否与管路的连接完好,开关灵活,转子流量计上的阀门应关闭	由于转子流量计上的阀门为针形结构,所以关紧阀门时不能用力太大
	灵敏板热电偶温度计	接线完好	
	再沸器上弹簧管压力计	指针指零	若指针没有指零,应考虑:①压力计是否正常;②导压管是否连接完好,无堵塞
	冷凝器	开启冷却水进口阀门,检查冷却水进出管路是否畅通	注意观察冷却水出口是否有水流出
	冲洗再沸器	将再沸器底部的阀门打开,进水冲洗再沸器,直至放出清水为止	冲洗完成后,关闭再沸器底部的排液阀
试运行	将水加入再沸器,并加热	使再沸器内液体温度达 373K,并逐渐有水蒸气进入塔板	向再沸器内注水并达到规定液位后,才能开始加热
	开启冷凝器冷却水进口阀门	冷凝水顺利通过冷凝器并排出	
	试车检查	当各塔板上有正常液位后仔细检查全塔各部分是否正常,仪表是否准确,阀门等各处是否有泄漏	要贯通流程,考验设备性能和仪表性能,有水经过的仪表要尽可能启动,并进行调试检验
	试车结束,停止加热	将再沸器中的水放净	
装置开车	启动原料泵向再沸器内送入原料液	再沸器内的液体量要达到规定的液位高度	送液完成后,应先关闭 11 号阀门,以免溶液倒流回原料箱
	开始加热釜液	使釜内达到操作压力与操作温度	注意观察塔底压力和温度的变化
	打开冷凝器的冷却水入口阀门	将进入冷凝器的蒸汽冷凝	
	全回流操作	关闭产品、残液出口阀,全开回流流量计的调节阀	注意压力与温度的稳定
	转入部分回流操作	开启原料泵,调节一定的流量,连续加料;开启产品、残液出口阀,连续采出产品	调整各项工艺参数,建立塔内平衡体系,使各项参数正常稳定

考考你：

A. 在原料液进入再沸器的管路上,有一段倒 U 形的管路,你知道它的作用吗?

B. 在精馏装置上,有两个进料口,应该如何选择合适的进料口呢?

C. 如果要考虑塔顶冷凝器冷却水的循环利用,你有什么好的设计方案吗?

操作要求：

全回流开车，在精馏塔的开车或精馏塔短期停料时，常采用全回流操作来达到或恢复塔的良好操作状况。尤其是在开车阶段，因为不受上游设备操作干扰，有比较充裕的时间对塔的运行状况进行调整。

一般来说，适宜采用全回流开车的情况有：

① 回流比大的高纯度塔，因为在回流比大的操作条件下，从开车到稳定需要较长时间，全回流时塔中状况与操作状况比较接近；

② 原料液为过冷状态进料。

不适宜采用全回流开车的情况有：

① 物料在较长时间的全回流操作中，特别是在塔釜温度较高时可能发生不希望的反应；

② 物料中含有微量危险物质，例如丁二烯精馏塔中的微量乙烯基乙炔，丙烯精馏塔中的微量丙二烯和甲基乙炔；它们在正常操作中不会引起麻烦，但在全回流操作时间过长时，这些有害物质随时间的延续在塔中逐渐得到浓集，从而导致爆炸或其他事故。

4.2.4　技能训练 12　精馏过程的正常操作与工艺参数的调节

训练目标：掌握物料平衡的控制方法。了解塔压的稳定方法，以及塔温、塔釜液面、回流比等参数相互间的制约关系，掌握这些参数的调节方法，并且能够控制精馏过程平稳运行。

训练方法：在实训设备上按照指导教师给定的指标进行控制练习，并针对精馏过程中出现的参数变化情况，参照下述内容进行操作训练。

① 操作人员要进行岗位分工，明确操作任务及要求，明确需要进行的操作记录。在操作过程中，参加操作的人员要分工协作，随时互相通报调节过程中的现象及调控结果，以便及时应对新情况的发生。

② 针对精馏过程中可能出现的变化，制定合理的调节方案。

例如：

A. 当塔釜压力发生变化时，如何调控使塔釜压力趋于稳定？

B. 当塔顶产品采出量发生变化时，应该调节什么指标，如何调节，使塔顶采出量恢复正常。

C. 当塔釜液位升高或降低时，应该如何调节使液位恢复正常，塔釜液位变化能引起哪些控制指标的变化。

D. 认真做好记录。要按照记录间隔的要求，认真记录各项数据，为正确分析操作过程的状况提供可靠的原始数据。

操作要求：

塔压。塔压是精馏塔操作中重要的控制参数，它将对塔温、产品组成、挥发度等产生影响，一般情况下，影响塔压变化的主要是冷却剂的温度和流量，塔顶采出量的大小以及不凝气体的积聚等。当冷却剂的温度升高、流量变小，塔顶采出量减小时，塔压将会升高。

塔温。温度的变化同样对相平衡时的组成产生影响。塔顶温度主要是受回流液温度的影响，调节冷却剂的用量或温度可以控制塔顶的温度。塔釜温度主要是受再沸器加热功率以及塔压的影响，通过调节加热功率和控制塔压稳定来保证塔釜温度的稳定。

　　物料平衡是通过进出塔的物料流量来控制的，在正常操作中进料量和塔顶产品量都是按规定值进行控制的，所以只要保证塔釜的液面恒定就能保证精馏塔的物料是平衡的。

考考你：

　　A. 精馏塔的物料衡算式还记得吗？为什么残液排出时没有进行流量测量？

　　B. 精馏塔稳定运行时，塔顶产品通过冷凝器被冷凝，其中一部分产品作为回流返回塔内，一部分作为产品收集，你知道怎样调节回流量和产品量，才能保证冷凝器中不发生产品的积累吗？

　　C. 精馏操作中，常常出现这样的现象：当你发现液泛发生时，就及时地将再沸器的加热功率减小了，但液泛现象及在继续，甚至液泛程度更大了，这是什么原因呢？

4.2.5　技能训练13　精馏装置的停车操作

　　训练目标：掌握正确的停车步骤，了解每一步的操作原理及操作要求。

　　训练方法：按照下述步骤完成停车操作练习，要求理解操作顺序的原理。

　　① 停止进料。缓慢关闭原料流量调节阀，然后关停进料泵。

　　② 再沸器停止加热，关闭残液排出阀，见图4-3，停止排放残液。

　　③ 关闭塔顶产品转子流量计上的调节阀，停止采出产品。

　　④ 关闭回流液转子流量计上的调节阀，停止回流。

　　⑤ 当塔顶温度降低后，关闭冷却水进口阀门，停止冷却。

　　⑥ 排出塔内所有存留物料。

操作要求：

　　精馏塔停车时，缓慢降低塔温非常重要，切记不可为了快速降温，加大冷却水流量，使蒸汽快速冷凝。因为快速冷凝将导致塔内蒸汽高速地流动，造成过大压差和水击，再加上过大的热应力容易造成塔板和其他塔内部件损坏。另外，过快的蒸汽冷凝很可能造成塔内负压，吸入过多空气。空气进入塔内对于易燃、易爆物系是很危险的。

4.2.6　技能训练14　液泛现象及其处理方法

　　训练目标：了解液泛现象，养成随时观察运行状况以及认真读取控制参数的习惯，学会分析液泛发生的原因，掌握处理液泛现象的基本方法。

　　训练方法：由指导教师设置一定程度的液泛，组织操作人员完成下列操作内容。

　　① 制定合理的调节方案。包括人员分工、操作要求以及操作记录等。

　　② 进行调节及控制练习。参加操作的人员要随时互相通报调节过程中的现象及调节的结果，以便进行有效地调节，使精馏过程尽快恢复正常状态。

　　③ 认真记录。根据调节方案的内容，严格按照要求的记录时间，认真记录各项数据和现象，以及出现的问题等。

操作要求：

液泛的明显特征是塔内出现液体积聚，这种液体积聚将会逐渐向上一直充满到塔顶。液泛时，一般可以通过观察下列操作参数的变化来判断是否有液泛发生。

① 塔釜压力过大或急剧升高。由于液泛造成塔中积液，釜压会随之增大，釜压是判断塔中是否有液泛发生的主要依据。

② 塔釜液位下降或波动。若是在进料口以下部位发生液泛，每块塔板上的液体溢流不畅通，而再沸器内的加热仍在继续，汽化仍在进行，这必然导致再沸器液位下降。有时由于调节操作过急，塔板上时而积液，时而通过溢流向塔釜排液，塔中液位就会产生波动。若液泛的部位是在进料口以上，由于滞后的原因，再沸器内液位的下降或波动不会很明显。

③ 产品质量下降。趋于液泛时，雾沫夹带已十分严重并造成塔的分离能力下降，实际上分离能力的明显下降是先于液泛发生的，所以及时检测产品的组成有助于提早防范液泛的发生。

当确认液泛将要发生或已经发生，可采取以下几种措施进行调控。

① 改变进料的热状态。如果液泛发生在提馏段，可以通过提高进料液的温度来减少提馏段的汽相负荷，但有可能造成精馏段的汽相负荷增大，因此可适当增大回流比，以保证塔的分离能力不变。如果液泛发生在精馏段，降低进料液的温度来减少精馏段的汽相负荷，在保持同样分离能力的条件下，回流比可适当减小。也可通过改变进料板位置进行调节。

② 减小塔釜供热量。通过调整加热功率来改变汽相负荷，消除液泛。

③ 降低精馏塔的负荷。当采取一定的措施后，仍无法消除液泛，降低塔的处理量就是迫不得已的办法了，如果装置允许，可维持低流量下的操作，待生产稳定后，再逐渐恢复正常操作。

4.3 精馏操作中常见异常现象及处理方法

异常现象	产生的原因	处理方法
釜压增大，分离效率下降，液泛	塔釜液位过高，产生雾沫夹带	调节再沸器液位，使其恒定；调节再沸器加热功率，控制釜压在规定指标下
釜压总是低于正常值，塔内蒸汽不足	再沸器加热效果不好 如果是电加热：加热功率不足 如果是蒸汽加热：蒸汽中的不凝气累积，或者蒸汽冷凝后排放不畅	检查电加热器是否有故障 排放不凝气，采取措施使冷凝液排放顺畅
塔顶压力增大，产品量偏小	冷凝器换热效果不好 ①冷凝一方有不凝气累积 ②冷却水一方结垢 ③冷却水流量小或温度偏高 ④冷凝液排放不畅	①排放不凝气 ②清除污垢 ③加大循环水流量 ④增大管径，使冷凝液排放通畅
塔顶产品浓度下降	①精馏段温度控制点温度控制过高 ②塔顶产品采出过多，回流量过小	①调节温控点的温度 ②减少塔顶产品采出量
塔顶产品浓度过高	①精馏段温度控制点温度控制过低 ②塔顶产品采出过少，回流量过大	①调节温控点的温度 ②增加塔顶产品采出量

4.4 精馏岗位仿真操作基本技能训练

4.4.1 筛板式精馏塔仿真装置及流程

　　仿真精馏装置采用的是筛板式精馏塔，共有 15 块塔板，待分离的物系是乙醇和水的混合物，精馏塔塔釜为电加热式再沸器，塔顶冷却器的冷却介质为水，有两个测压点，分别为塔顶压力、塔釜压力；三个测温点，分别是塔釜温度、塔顶温度和回流液的温度。精馏流程如图 4-4 所示。

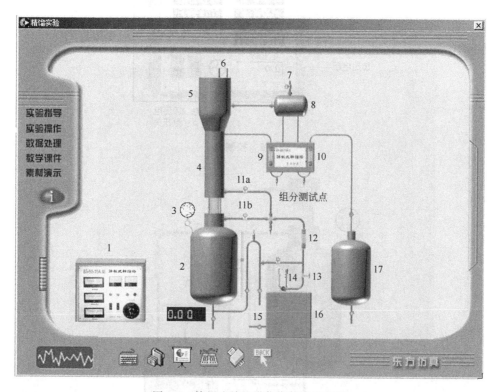

图 4-4　筛板式精馏塔仿真装置及流程

1—控制台；2—塔釜再沸器；3—塔釜压力表；4—精馏塔；5—全凝器；6—冷却水
进出口；7—恒压排气阀；8—气液分离器；9—回流流量计；10—产品流量计；
11a、11b—上、下进料阀；12—原料流量计；13—进料阀；
14—原料泵；15—残液排出阀；16—原料箱；17—产品贮罐

4.4.2 全回流操作

　　① 首先打开控制台上泵的电源开关，方法是用鼠标左键单击开关按钮，如图 4-5 所示。

　　② 开泵后依次打开 1、2、3 号调节阀，向塔釜进料，方法是用鼠标左键单击相应的阀门，将开度值调节为 100，如图 4-6 所示。当塔釜液位到达塔釜高度的 2/3 时，关闭阀 1 和阀 2（将开度值调节为零），进料完成。注意：由于进料时有延迟效应，所以在接近塔釜高度的 2/3 时就应停止进料，停止进料后液面会稍有上升。

　　③ 关闭控制台上泵的电源开关，方法是用鼠标左键单击开关按钮，开关关闭，停止送料。

④ 全回流进料完成后，开始加热。方法是先用鼠标左键单击加热电源开关，再单击加热电压调节手柄，如图 4-5 所示，左键单击为增加电压，右键单击为减少电压，电压数值显示在电压显示栏中，也可直接单击电压栏，输入需要的数值，然后在控制台窗口的空白处单击即可开始加热。

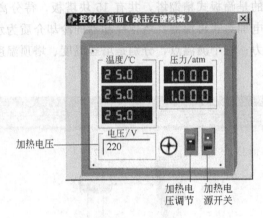

图 4-5　控制台

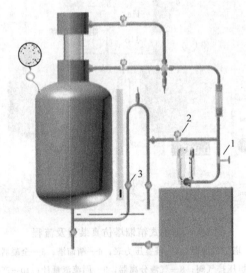

图 4-6　塔釜进料流程

⑤ 开始加热后，注意塔釜温度和塔顶压力的变化。当塔顶压力超过 101.3kPa 时，应打开恒压排气阀进行排气降压，保持塔顶压力为 101.3kPa。

⑥ 塔顶的冷却水为默认全开，当塔釜温度达到 90℃ 左右时，开始有冷凝液。此时用鼠标左键单击回流流量计，在弹出的转子流量计窗口中单击红色调节旋钮，将开度值调至100，单击左键增加，单击右键减少。也可以在阀门开度显示栏内直接输入需要的开度值。

⑦ 读取塔顶回流液与塔釜残液的浓度数据。单击流程界面中的"组分测试点"，在弹出的窗口中可以看到回流液与塔釜液的质量分数。

全回流操作维持稳定 10min 后，组分的质量分数基本稳定，全回流操作完成。

4.4.3　部分回流操作

在全回流操作稳定的基础上，开始部分回流的操作。

① 打开控制台上泵的电源开关，方法是用鼠标左键单击开关按钮，如图 4-5 所示。

② 打开塔中部的进料阀，将阀门开度调至要求的数值，再单击原料流量计，在放大后的图中可以看到转子浮起并稳定在相应的位置。

③ 打开塔底的排液阀，将阀门开度调至一定的数值，在排液阀旁边有一个数据显示栏，显示出釜液排出量。注意观察塔釜的液位高度，应保持液位恒定在塔釜高度的 2/3 处，以保证塔的物料平衡。

④ 全部打开产品采集阀，即将采集阀的开度值调至 100，单击产品流量计，可以看到转子浮起并稳定在相应的位置。

⑤ 控制回流比，当操作稳定后，单击"组分测试点"，在弹出的窗口中，显示出回流液也就是产品和塔釜液的质量分数。

操作要求：

① 在操作过程中应按要求控制一定的回流比，调节回流液量即可改变回流比。单击回流液流量计和产品流量计，从流量计的放大图中读到准确的流量值，即可计算出回流比。

② 塔釜加热电压的大小直接影响全塔的温度和压力，所以改变加热电压的数值，即可调节全塔的温度和压力。

③ 在操作过程中一定要注意保持全塔的物料平衡。

第 5 章 吸收及解吸岗位

化工操作人员应能懂得吸收操作的基本原理，吸收塔和辅助设备的结构及性能，熟悉吸收操作的开车、停车和正常运行的操作方法，并能了解常见异常现象的处理方法。

吸收岗位的主要工作包括：

① 操作输送泵，将吸收剂送入进吸收塔；

② 操作气体压缩或鼓风机使气体混合物进入吸收塔；

③ 调控吸收塔的压力、温度、物料浓度等工艺参数；

④ 定时测定液体产品浓度，并对气体进行浓度分析；

⑤ 处理吸收过程中的异常现象和事故；

⑥ 填写生产记录报表。

5.1 吸收装置与流程

5.1.1 常见的吸收工艺流程

对给定混合气体的分离，可以选择一种吸收剂的一步吸收流程，也可以选择两种吸收剂的两步吸收流程。根据吸收过程的要求和特点，可以采用单塔吸收流程，有时也需要采用多塔吸收流程。

(1) 逆流吸收流程　气相自塔底进入，由塔顶排出，贫液由塔顶喷淋下来，经吸收后富液由塔底排出。逆流操作时平均推动力大，吸收剂利用率高，完成一定的分离任务所需的传质面积小。工业上多采用逆流吸收流程。

(2) 并流吸收流程　气相及贫液均从塔顶流向塔底。仅在以下情况时才采用并流流程：

① 易溶气体的吸收，流动方向对吸收推动力影响不大，或者处理的气体不需要吸收得很完全；

② 吸收剂用量特别大，逆流操作易引起液泛。

采用并流吸收流程则不受液流限制，可以提高操作气速以提高生产能力。

(3) 吸收剂部分再循环吸收流程　在逆流吸收流程中，用泵将吸收塔排出的一部分液体经冷却后与补充的新鲜吸收剂一同送回塔内，即为吸收剂部分再循环流程。主要用于：

① 当吸收剂用量较小，为了提高吸收塔的液体喷淋密度，保证充分润湿填料；

② 为控制塔内温度上升，需要移走部分吸收热时；

③ 调节溶液产品的浓度。

这种吸收流程比逆流操作时的平均推动力小，还需要设置循环用泵，消耗额外的动力，多用于热效应十分显著的化学吸收过程。

(4) 多塔串联吸收流程　若设计的填料层高度过大，或塔底流出的溶液温度太高，不能够保证吸收塔在适宜的温度下操作时，可将一个大塔分成几个小塔串联起来使用，组成吸收塔串联流程。

操作时，用泵将液体由一个吸收塔送至另一个吸收塔，吸收剂不循环使用。气体和液体在每个塔内和整个流程中均成逆流流动。

在吸收塔串联流程中，可根据操作的需要，在塔间的液体管路上，有时也可在气体的管路上设置冷却器，或使整个系统中的一部分采用吸收剂部分循环的操作。

生产过程中，如果处理的气量较多，或所需塔径过大，也可考虑由几个较小的塔并联操作。还可以采用气体通路串联、液体通路并联或气体通路并联、液体通路串联操作来满足生产要求。

5.1.2 吸收和解吸联合吸收流程

工业生产中常常采用吸收与解吸联合流程，以得到纯净的吸收质并可回收吸收剂。以小型合成氨厂碳酸丙烯酯脱除二氧化碳工艺流程为例，如图 5-1 所示。

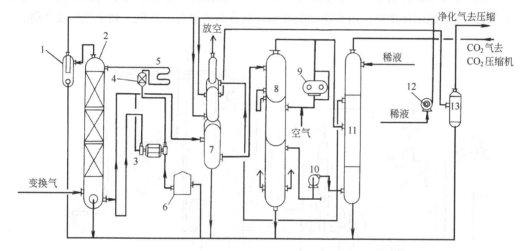

图 5-1　碳酸丙烯酯法脱碳工艺流程简图

1—净化气分离器；2—脱碳塔；3—脱碳泵；4—过滤器；5—冷却器；

6—循环槽；7—闪蒸洗涤塔；8—再生塔；9—真空解吸风机；

10—气提风机；11—洗涤塔；12—稀液泵；13—洗涤分离器

压力为 2.7MPa 的变换气由脱碳塔下部导入，碳酸丙烯酯溶液由脱碳泵 3 打入过滤器 4，再进入溶剂冷却器，过滤冷却后由顶部进入脱碳塔，自上而下与变换气逆流接触。脱除二氧化碳后的净化气经净化气分离器 1 后，进入闪蒸洗涤塔 7 中部，这部分为净化气碳酸丙烯酯回收段，与稀液泵 12 来的稀液逆流接触，回收碳酸丙烯酯后经洗涤分离器 13 分离回收净化气中夹带的碳酸丙烯酯，净化气送往氮氢气压缩机。

吸收二氧化碳后的碳酸丙烯酯富液从脱碳塔底出来，经自动调节阀减压后直接进入闪蒸洗涤塔 7 下部闪蒸段，在闪蒸段闪蒸出氢气、氮气、二氧化碳等气体，闪蒸气经闪蒸洗涤塔 7 上部回收段回收碳酸丙烯酯后放空或回到氮氢压缩机一段入口。

闪蒸后的富液经自动调节阀减压后进入再生塔 8 上部常压解吸段，大部分二氧化碳在此解吸。解吸后的富液经溢流管进入再生塔 8 中部真空解吸段，由真空解吸风机控制真空解吸段真空度。真空解吸气由真空解吸风机 9 加压后与常压解吸段解吸气汇合后依次进入洗涤塔 11 上部两段洗涤后，二氧化碳气去压缩工段。

真空解吸段碳酸丙烯酯液经溢流管进入再生塔 8 下部气提段。由气提风机 10 抽气负压气提。碳酸丙烯酯液与自上而下的空气逆流接触，继续解吸碳酸丙烯酯液中残余的二氧化碳。再生后的贫液进入循环槽，经脱碳泵 3 加压后打入溶剂冷却器 5，再去脱碳塔 2 循环使用。气提气依次进入洗涤塔 11 下部两段洗涤后放空。

　　净化气回收段排出的稀液进入闪蒸洗涤段，回收碳酸丙烯酯后依次进入常压解吸气下段洗涤段及气提下段洗涤段后回收到稀液槽。经稀液泵（A₂/B₂）加压后去净化气回收段循环使用。

5.2　填料吸收塔操作技能训练

5.2.1　技能训练装置

　　吸收操作实训装置的工艺流程如图 5-2 所示。该装置的主要设备为填料吸收塔，内装瓷质拉西环或钢质鲍尔环填料。用水作为吸收剂，被分离的混合气是氨气和空气的混合物。

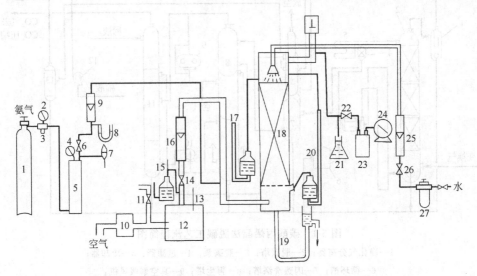

图 5-2　吸收装置及流程

1—氨气瓶；2，4—压力表；3—减压阀；5—缓冲罐；6—氨气流量调节阀；7—膜式安全阀；8—氨气压力计；9—氨气流量计；10—罗茨鼓风机；11—旁通阀；12—油分离器；13—温度计；14—空气流量调节阀；15—空气压力计；16—空气流量计；17—塔顶压力计；18—填料塔；19—排液管；20—塔底压力计；21—稳压瓶；22—尾气调压阀；23—吸收盒；24—湿式气体流量计；25—水流量计；26—水流量调节阀；27—水过滤减压阀

　　观察与练习：仔细观察上述训练装置，并填写下表。

主要设备及仪表	吸收塔规格		
	填料种类、规格、装填量		
	空气输送设备类型及名称		
	压强、压差测量仪器名称		
	阀门种类及名称		
空气	温度测量仪表及单位	压力测量仪表名称及单位	流量测量仪表名称及单位

水	温度测量仪表及单位	压力测量仪表名称及单位	流量测量仪表名称及单位
氨气	温度测量仪表及单位	压力测量仪表名称及单位	流量测量仪表名称及单位

5.2.2 技能训练 15 认识吸收流程

实训目标：熟悉吸收装置中各种设备及名称，各类测量仪表及名称、控制阀门的作用等。

实训方法：根据对流程的认识，完成下面的思考与练习。

思考与练习：

空气系统：如图 5-2 所示，空气经过罗茨鼓风机 10 进入吸收系统，首先进入 12 号设备油分离器，用空气流量_____调节空气流量，经过转子流量计后，由填料塔的_____进入，吸收后的尾气由塔顶排到大气中。

氨气系统：如图 5-2 所示，氨气由氨气瓶提供，氨气经过 3 号_____阀减压后，用氨气流量调节阀调节氨气流量，经过_____计后，与空气混合一起进入吸收塔。

吸收剂：如图 5-2 所示，水经过水过滤减压阀 27，由调节阀 26 调节水的流量，由_____喷入吸收塔内，均匀分布在填料层中。吸收了氨气后的溶液，由_____排液管排出。

考考你：

参考图 5-3 吸收流程简图，回答下列问题。

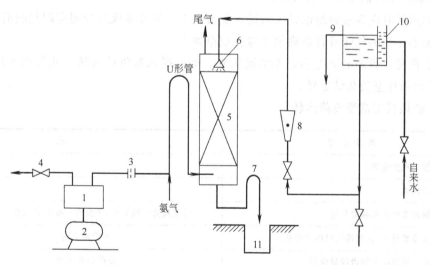

图 5-3 吸收流程简图

1—缓冲罐；2—罗茨鼓风机；3—孔板流量计；4—放空阀；5—填料塔；6—液体分布器；

7—液封；8—转子液量计；9—溢流；10—高位槽；11—地沟

A. 旁通阀的作用是什么？

B. 氨气与空气的混合气进入塔底前为什么要经过 U 形管？

C. 高位槽起什么作用？

D. 液封管起什么作用？液封高度怎样确定？

5.2.3　技能训练 16　罗茨鼓风机的操作

实训目标：了解罗茨鼓风机的构造，掌握鼓风机的开、停车及流量调节方法。

实训方法：按照下列项目和步骤在实训装置上进行操作练习。

(1) 开车前的准备工作

步　骤		操 作 要 求
检查	各紧固件和定位销的安装质量	
	进、气排气管道和阀门的安装质量	
	鼓风机的装配间隙	符合要求
	鼓风机与电机的找中、找正质量	
	机组的底座四周	全部垫实
	地脚螺栓	紧固
加油		油位保持到 1/3～2/3 之间
全部打开鼓风机进、排气阀门，盘车		倾听各部件无不正常杂音
检查电动机转向		符合指向要求
调整负荷控制器		到允许值

(2) 罗茨鼓风机空负荷试运转　新安装或大修后的风机都应经过空负荷试运转（即在进排气口阀门全开的条件下投入运转）。

① 试运转时应观察润滑油的飞溅情况是否正常，如过多或过少则应调整润滑油量。

② 无不正常的气味或冒烟现象及碰撞或摩擦声。

③ 空负荷运行 30min 左右，如情况正常，即可投入带负荷运转，如发现不正常，进行检查后仍需作空负荷试运转。

(3) 鼓风机正常带负荷运转

操 作 步 骤	提　示
全开罗茨鼓风机旁通阀	
启动罗茨鼓风机	
关小旁通阀调节负荷至额定负荷	旁通阀要缓慢关小，不允许一次调节至额定负荷
排气压力正常情况下，注意进气口压力变化	不能超负荷
注意润滑油飞溅情况及润滑油量位置	应在正常范围

注意：罗茨鼓风机正常工作时，严禁完全关闭进、排气阀门，也不许超负荷运行；由于罗茨鼓风机的特性，不允许将排气口的气体长时间直接回流到鼓风机进气口，这样会改变进气口温度的，否则将影响机器的安全，如需采取回流调节，则必须采用冷却措施。

(4) 罗茨鼓风机的停车

① 缓慢打开旁通阀至全开位置。

② 关闭罗茨鼓风机电源开关。

③ 关闭罗茨鼓风机出口阀。

考考你:

A. 调节鼓风机的负荷时,为什么不允许一次调节到额定负荷?

B. 为什么大型鼓风机不能在满负荷下突然停车?

C. 为什么不允许将鼓风机排气口的气体长时间回流到鼓风机进口?

D. 罗茨鼓风机的流量调节方法有哪些?

E. 罗茨鼓风机开车时为什么要先将旁通阀全部打开?

5.2.4 技能训练17 氨气系统的操作

实训目标:了解氨气系统的主要设备及仪表,掌握正确输送和关闭氨气系统的操作方法。

实训方法:按照下列项目和操作步骤在实训装置上进行操作练习。

输送氨气的操作步骤如下表。

操作步骤	提 示
了解氨气自动减压阀的开关方法	减压阀的开关方向与普通阀门不同,需要特别注意
检查减压阀和氨气流量调节阀是否关闭	关好减压阀与氨气转子流量计前的调节阀
打开氨气瓶顶阀	不要将此阀门开得太大,容易造成氨气泄漏
压紧减压阀的弹簧	低压氨气压力表指示值达到 $5 \times 10^4 \sim 8 \times 10^4$ Pa
调节氨气流量	用转子流量计前的调节阀调节

关闭氨气的操作步骤如下表。

操作步骤	提 示
关闭氨气瓶顶阀	氨气瓶上的压力表批示值为零,说明顶阀已关好
放松减压阀的弹簧	关闭减压阀,一定要真正松开,否则减压阀没有关闭
关氨气流量调节阀	氨气流量调节阀为针形阀,关闭时不要用力太大

5.2.5 技能训练18 填料吸收塔的开车准备

实训目标:掌握开车准备工作的正确步骤和方法,了解每一步的操作原理及操作要求。

实训方法:下面介绍的训练内容,各学校可根据自身条件,进行全部项目的练习,或选择其中个别项目进行练习。

(1)常规准备工作

① 按工艺流程检查系统内所有设备、管线、阀门以及管线上的其他管件、分析取样点、电器及仪表等是否安装齐全,各阀门是否能灵活调节,仪表是否灵敏准确。

② 清理好卫生，将妨碍开车的杂物处理干净。

③ 准备好分析仪器及其他用品。

④ 准备好记录用品。

（2）装填料　预先清洗干净所装填料。对鲍尔环、拉西环等填料，既可采用规则排列，也可采用不规则排列。采用不规则排列时，装填料前应先向填料塔内灌满水，然后从塔顶或人孔将填料倒入，填料装至规定高度后，把水面的漂浮杂物捞出，放净塔内的水，将填料表面扒平，装填瓷质填料时应轻拿轻放，以防破碎。

（3）系统水压试验　为了检验吸收设备焊缝的机械强度和密闭性，使用前需进行水压试验。

① 关闭气体进口阀和出口阀。

② 开启系统放空阀。

③ 向系统加入清水。

④ 当放空管有水溢出时，关闭放空阀。

⑤ 将系统压强控制在操作压强的 1.25 倍。

⑥ 水压试验结束后，将系统内的水排净。

在给定试验压强下，对设备及管道进行全面检查，发现泄漏，采用泄压处理，直至无泄漏为止。

注意：水压试验时应缓慢升压，恒压试验时不要反复进行，以免影响设备及管道的强度。

（4）系统气密试验　为防止在开车时气体由法兰及焊缝处泄漏出去，开车前需进行气密试验。

① 用压缩空气向系统送入空气。

② 逐渐调整压力到操作压力的 1.05 倍。

③ 用肥皂水涂刷所有焊缝和法兰进行查漏，若无泄漏，保压 30min，压力不下降即为合格。若发现泄漏，做好标记，泄压后处理。

④ 气体放空。

考考你：

填料塔内所装填料采用不规则排列时，为什么要先向填料塔内灌满水再装填料？

5.2.6　技能训练 19　填料吸收塔的开车操作

实训目标：掌握正确的开车步骤，了解每一步的操作原理及操作要求。

实训方法：在实训装置上按下列步骤进行操作练习。

① 向高位槽送水，注意调节流量，保证高位槽内液位高度恒定。

② 打开水流量调节阀，控制一定的流量。

③ 打开罗茨鼓风机的旁通阀，检查空气流量调节阀是否关闭。

④ 开启罗茨鼓风机的电源开关注意观察鼓风机的运转是否正常。

⑤ 缓慢开启空气流量调节阀，调节一定的流量，若流量数值达不到规定的要求，可将旁通阀关小，但切记不能将旁通阀全部关闭。

⑥ 按照输送氨气的操作步骤向塔内送入氨气，并调节所需的流量。

上述操作步骤完成后，检查水、空气和氨气的流量、温度、压力等参数是否稳定，若没有太大变化，说明系统已处于稳定运行状态。

考考你：

图 5-2 所示的实训装置，开动空气系统前为何要先开罗茨鼓风机旁通阀，然后再启动罗茨鼓风机？停机时为何要全开旁通阀，等转子流量计转子降下来后再停罗茨鼓风机？

5.2.7 技能训练 20 填料吸收塔的正常操作与工艺参数的调节

实训目标：了解填料吸收塔正常运行过程中各项操作参数的正常值，并能进行正确有效的控制。学会分析各项操作参数之间的变化关系。

实训方法：在实训设备上按要求的指标进行调节和控制练习，并针对吸收过程中出现的参数变化情况，参照下述内容组织和安排参数调节训练。

① 操作人员要进行岗位分工，明确操作任务及要求，以及明确需要完成的操作记录。参加操作的人员要随时互相通报操作过程中出现的现象及调节的结果，以便及时应对新情况的发生。

② 认真作好记录，如各种参数的变化、操作现象、调节的结果以及出现的新问题等。

③ 当氨气流量、吸收剂用量或空气流量发生变化时，记录湿式气体流量计读数，分析其变化对吸收效果的影响。

操作知识介绍：

（1）吸收塔底液位的控制　　液位是吸收塔操作中一个重要的控制条件，是维持吸收塔稳定操作的关键。若液位过低，易使塔内的气体通过排液管排出，发生跑气事故；若液位过高，可能引起带液，造成吸收剂的损失，使操作费用增加。

（2）吸收塔压力差对吸收操作的影响　　吸收塔底部压力与顶部压力之差是反映塔内阻力大小的标志，也是发现和防止净化气带液事故的重要依据。塔内阻力的大小与气量、吸收剂用量、填料堵塞等情况，以及塔内液位高低等因素有关。其中，影响塔内阻力增大的首要原因是填料堵塞，因而吸收塔压力差的大小也是判断填料堵塞事故的主要原因。由于吸收剂不清洁或设备管腐蚀所产生的部分锈渣等堆积在填料空隙，造成填料堵塞，当吸收剂和气体通过时，阻力增大，压力差也将迅速增大。另外，当入塔吸收剂用量和入塔气量增大，或吸收剂黏度过大，也会引起吸收塔内压力差增大。所以当填料吸收塔压力差突然上升时，应迅速采取措施降低压力差。降低压力差的方法有减少吸收剂用量和降低气体负荷。在适当的时候停车清理填料。

（3）气流流速的控制　　入塔原料气量增加，塔内气流的流速增大，气体的湍动程度随之增大，有利于吸收速率的提高。但气流流速过大，若超过液泛速度，吸收剂将被气流大量带出，操作极不稳定，同时造成吸收剂损失。因此，对填料吸收塔，控制好气流流速是提高吸收效率、稳定操作的主要措施之一。

考考你：

A. 如何调节吸收塔的液位，哪些因素会引起吸收塔液位的波动？

B. 能否先开空气系统，再开供水系统？

C. 降低吸收塔压降的方法有哪些？

D. 操作过程中若进塔液体量过多会出现什么现象？

5.2.8　技能训练 21　尾气分析仪的认识及操作

实训目标：了解尾气分析仪的构造，掌握尾气分析仪的使用方法。

实训方法：在实中装置上通过尾气采集系统对尾气样品进行分析操作练习。

(1) 尾气分析仪及湿式流量计　尾气分析仪由取样管、吸收管、湿式气体流量计等组成，如图 5-4 所示。在吸收管中装入一定浓度、一定体积的稀硫酸作为吸收液，并加入甲基红指示剂，当被分析的尾气样品通过吸收管时，尾气中的氨被硫酸吸收，吸收后的残余气体经过湿式气体流量计计量，然后放空。根据硫酸的浓度和加入量，可以计算出被吸收的氨气量，进一步得出尾气中氨的浓度。

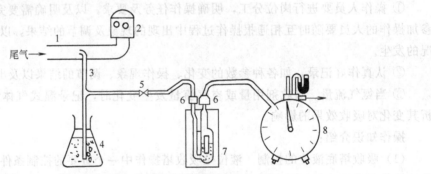

图 5-4　尾气分析仪

1—尾气管；2—尾气调压阀；3—取样管；4—稳压器；5—玻璃旋塞；6—快装接头；7—吸收盒；8—湿式流量计

湿式流量计属容积式流量计，是一种液封式气体流量计，其结构原理如图 5-5 所示。

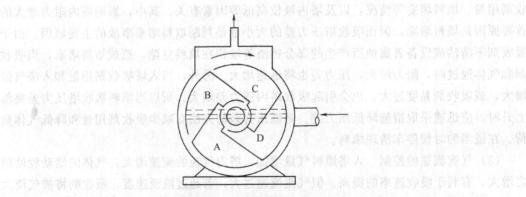

图 5-5　湿式流量计工作原理

沉浸在液封面下的金属叶片把计量室分为 A、B、C、D 四个室，各室容积相同。在被测气体压差的作用下，叶片绕轴旋转，被测气体由中间入口进入，依次被液体排向顶部出口。气体总量可通过叶片转动次数求得。按图 5-5 中的位置，A 室将开始进入气，B 室正在进气，C 室正在排气，D 室排气将完成。

湿式流量计的安放必须保持水平，计量室内液封面必须高于转轴，以保持正常工作。

（2）尾气分析仪的操作

操 作 步 骤	操作原理及操作要求	提　　示
往吸收盒中加入一定量的硫酸和指示剂	硫酸的用量要准确	吸收盒要按照化学分析的要求进行清洗
记录湿式气体流量计的初始值	流量计指针所在的位置即为初始值	湿式流量计没有零点
开启尾气调节阀 2	要做到尾气中氨与吸收液中的硫酸充分反应	玻璃旋塞开度要控制好，使尾气呈单个气泡连续不断进入吸收管
确定反应终点	当吸收液颜色发生变化时，反应完成	吸收液颜色改变后，立即关闭玻璃旋塞
读取湿式流量计指示值		残余气体体积等于终点值与初始值之差

考考你：

A. 玻璃旋塞开度过大或过小对尾气分析结果有什么影响？

B. 如何由尾气分析仪所测数据计算氨的含量？

5.2.9　技能训练 22　吸收装置的停车

实训目标：了解紧急停车的情况，掌握临时停车、正常停车和紧急停车的操作步骤。

实训方法：按照下列项目和步骤在实训装置上进行操作练习。

（1）临时停车与紧急停车　临时停车又称为短期停车，临时停车后系统仍处于正压状态。

① 接到停车通知后，做好停车准备，并通知有关岗位。

② 关闭氨气系统。

③ 停罗茨鼓风机系统。

④ 关停吸收剂。

（2）正常停车

① 接到正常停车通知后，做好停车准备。

② 按临时停车步骤停车。

③ 开启系统放空阀，系统泄压。

④ 排放系统中的溶液，再用清水清洗塔内。

5.3 常见异常现象及处理方法

异常现象	原　因	处　理　方　法
罗茨鼓风机响声大	①水带入罗茨鼓风机内 ②杂物带入罗茨鼓风机内 ③齿轮啮合不好或有松动 ④转子间隙不好或产生轴向移位 ⑤油箱油位过低或油质太差 ⑥轴承缺油或损坏	①排净罗茨鼓风机内的积水 ②紧急停车处理杂物 ③停车检修齿轮或启动备用鼓风机 ④停车检修转子或启动备用鼓风机 ⑤加油提高油位或换油 ⑥停车向轴承加油或更换轴承
电机电流过高或跳闸	①罗茨鼓风机出口气体压力过高 ②水带入罗茨鼓风机内 ③电器出现故障	①开启旁通阀,降低出口气体压力 ②排净罗茨鼓风机内积水 ③检查处理电器部分故障
罗茨鼓风机出口气体压力波动大	①吸收塔液位过高或入塔吸收剂量过大 ②吸收塔填料堵塞 ③吸收塔液位过低,造成排液管跑气	①降低吸收塔液位,适当减少入塔吸收剂量 ②停车清洗或更换填料 ③适当提高吸收塔液位
罗茨鼓风机出口温度高	①进吸收系统的原料气温度过高 ②转子间隙过大,转子产生轴向位移,与机壳产生摩擦 ③回流阀开度过大	①降低进入吸收系统的原料气温度 ②停车检修罗茨鼓风机 ③关小罗茨鼓风机回路阀,开启系统回路阀
吸收剂量突然降低	①溶液泵损坏 ②吸收剂贮槽液位过低,泵抽空	①停车检修或启动备用泵 ②补充吸收剂
出塔气带液	①吸收塔填料堵塞 ②原料气量过大 ③吸收剂量过大 ④吸收塔液位太高 ⑤吸收剂太脏,黏度增大	①停车清洗或更换填料 ②减少进入吸收塔气体量 ③减少吸收剂用量 ④控制吸收塔液位适当 ⑤更换新鲜吸收剂,并进行过滤
吸收塔内压差过大	①吸收塔填料堵塞 ②进吸收塔原料气量过大 ③进吸收塔吸收剂量过大	①停车清洗或更换填料 ②减少原料气量 ③减少吸收剂用量
吸收塔液位波动	①原料气压力变化 ②进吸收塔原料气量变化 ③液位调节阀出现故障	①稳定原料气压力 ②稳定吸收剂用量 ③及时检查和修理液位调节阀
出塔气中吸收质含量升高	①入塔吸收剂量过少 ②入塔原料气中吸收质含量升高或进塔气量过大 ③吸收剂或原料气温度升高 ④吸收塔填料堵塞 ⑤生产负荷太大,超负荷运行 ⑥吸收塔压力低	①适当加大吸收剂用量 ②降低入塔气中吸收质含量,适当减少吸收塔的气体量 ③降低入塔吸收剂温度,降低原料气温度 ④停车清洗或更换填料 ⑤不要超负荷运行 ⑥吸收塔压力控制在规定指标内

5.4 填料吸收塔仿真基本操作技能训练

5.4.1 填料吸收塔仿真装置及流程

该吸收装置所采用的是填料塔,待分离的物系是空气与氨气混合物,吸收剂为水。空气由罗茨鼓风机送入塔内,氨气由氨气钢瓶提供。吸收操作中的控制参数有氨气、空气的表压、温度、流量、吸收塔的塔顶表压、填料层的压差、吸收液的温度、尾气中溶质的浓度等。吸收流程如图 5-6 所示。

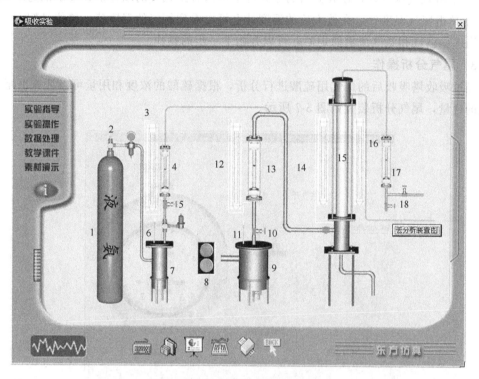

图 5-6 填料吸收塔仿真装置及流程

1—氨气钢瓶;2—氨气钢瓶开关;3—氨气压力计;4—氨气转子流量计;5—氨气流量调节阀;
6—氨气温度计;7—氨气稳压罐;8—罗茨鼓风机电源开关;9—空气稳压罐;10—空气流量
调节阀;11—空气温度计;12—空气压差计;13—空气转子流量计;14—填料塔压差计;
15—填料塔;16—塔顶压力计;17—水转子流量计;18—水流量调节阀

5.4.2 开车操作

吸收开车操作主要有三项内容:送水、送空气、送氨气。下面分别介绍相应的操作方法。

(1)向吸收塔送水 鼠标左键单击水流量调节阀,在弹出的阀门开度窗口中调节一定的开度值,单击水转子流量计,在放大后的流量计上可以看到水的流量值。

(2)向吸收塔送入空气

①用鼠标左键单击罗茨鼓风机电源开关上的绿色按钮,启动鼓风机。

②单击空气流量调节阀,在弹出的阀门开度窗口中调节一定的开度值,单击空气转子流量计,在放大后的流量计上可以看到空气的流量值。

③ 单击空气压差计，在放大后的压差计上可以看到空气的压差值，指示剂为水银。

④ 单击空气温度计，在放大后的温度计上可以看到空气的温度值，单位是℃。

（3）向吸收塔送入氨气

① 将鼠标移动到氨气钢瓶的开关上，鼠标会变成"扳手"形状，此时单击鼠标左键表示打开，单击右键表示关闭。打开氨气钢瓶开关后，单击氨气流量调节阀，在弹出的阀门开度窗口中调节一定的开度值，单击氨气转子流量计，在放大后的流量计上可以看到氨气的流量值。

② 单击氨气压力计，在放大后的压差计上可以看到氨气的压差值，指示剂为水银。

③ 单击氨气温度计，在放大后的温度计上可以看到氨气的温度值，单位是℃。

当水、空气和氨气流量稳定后，可以开始下一步的操作。

5.4.3　尾气分析操作

经过吸收塔吸收后的尾气用硫酸进行分析，根据硫酸的浓度和用量可以计算出尾气中氨气的含量，尾气分析装置如图 5-7 所示。

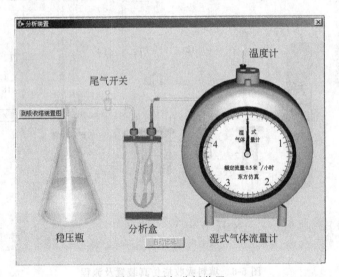

图 5-7　尾气分析装置

鼠标左键单击尾气开关，旋塞旋转 90°，表示旋塞打开，可以看到湿式气体流量计的指针开始旋转，注意观察分析盒中指示剂颜色的变化，当指示剂由橘红色变为黄色时，立刻单击尾气开关，关闭尾气，读取湿式流量计的读数。数值越大，说明尾气中的氨的含量越少；数值越小，尾气中氨的含量越多。

在此项操作中，注意记录空气、氨气、水以及湿式流量计等相关的所有参数。

5.4.4　操作参数变化对吸收效果的影响

（1）入塔气速变化对吸收效果的影响　分别增大或减小空气流量、氨气流量，入塔气速将增大或减小，测量尾气中氨的含量，观察气速改变后尾气浓度的变化。

（2）吸收剂用量变化对吸收效果的影响　增大或减小吸收剂用量，测量尾气中氨的含量，观察气速改变后尾气浓度的变化。

（3）液泛现象　在增大空气流量的条件下，将会产生液泛。将空气流量调节阀的开度设为 100，单击吸收塔，可以观察到吸收塔液泛时的现象。

5.4.5　停车操作

（1）关闭氨气系统　右键单击钢瓶开关，关闭钢瓶开关；单击氨气流量调节阀，将流量开度值设为0。

（2）关闭空气系统　单击空气流量调节阀，将流量开度值设为0；再单击罗茨鼓风机电源开关上的红色按钮，关停鼓风机。

（3）关闭水系统　单击水流量调节阀，将流量开度值设为0。

第6章 离心式压缩机的操作

在化工生产中，往往需要将气体物料从低压加压到所需的高压，或需要将气体从一处输送到另一处，因此气体的压缩与输送是化工厂中常见的一个单元操作。

压缩机岗位的主要工作包括：

① 启动压缩机运转；

② 调节控制压缩机各段进出口压强和温度，使气体物料经过各段的压缩、冷却和分离提高压力；

③ 观察并检查压缩机的冷却水和润滑油的流量、温度和液面；

④ 发现并处理电动机和压缩机在运行中的异常现象和事故；

⑤ 填写生产记录报表。

作为化工操作人员，应能懂得气体压缩机及辅助设备的结构原理及性能，并具有安全操作知识，保证压缩机安全运行。

6.1 离心式压缩机

压缩机主要有往复式和离心式两大类，因离心式压缩机具有体积小、重量轻、运转平稳、操作可靠、调节容易、维修方便、转速高（≥7000r/min）、排气量大而均匀（300m³/min）、压缩气体不受油污染等一系列优点。目前，许多化工厂都采用离心式压缩机压送原料气，并成为生产过程中的关键设备，因此，要求操作人员一定懂得其结构性能，能熟练掌握正确的开车、停车操作，精心维护保养设备，并能处理一般故障。

6.2 离心式压缩机基本操作技能训练

6.2.1 技能训练23 离心式压缩机的开车

训练目标：掌握离心式压缩机的正常开车步骤，了解每一步操作的原理及操作要求。

训练方法：在实训设备上按照下列操作项目和步骤进行练习。有录像资料的学校也可通过录像进行学习。

（1）开车前的准备

① 了解压缩机的结构、性能和操作指标。

② 检查管路系统内是否有异物（如焊屑、废棉纱、砂石、工具等）和残存液体，并用气体吹扫干净。吹扫时，缸体吸收管内应设置锥形滤网，经吹扫运行一段时间后再拆除，以防异物进入缸内发生严重事故。

③ 检查管路架设是否处于正常支承状态，膨胀节的锁是否已经打开。应使压缩机缸体受到的应力最小，不允许管路的热膨胀、振动和重量影响到缸体。

④ 确保电器开关、声光信号、联锁装置、轴位计、防喘振装置、安全阀以及报警装

置等灵敏、准确、可靠。检查各部件的螺栓是否松动。

⑤ 检查润滑油和密封系统。油系统在机组启动前应确认油清洗合格,油箱内无积水和杂质,油位不低于油箱高度的 2/3,油箱中的油经化验质量合格;油冷却器的冷却水畅通,蓄压器按规定压力充氮,主油泵及辅助油泵是否正常输油,密封油是否保持规定的液位,油路系统开关灵活。

⑥ 检查水路系统是否畅通,冷却水压力在 0.3MPa 以上,有无渗漏现象。

⑦ 检查电气线路和气动仪表送风系统是否完好。检查各控制系统仪表是否处于完好状态,指示是否准确;排气系统阀门、安全阀和止回阀是否动作灵敏;自投保安系统动作是否灵敏可靠。

⑧ 检查压缩机本身。大型机组是否有电动机驱动的盘车装置,小型机组配置盘车杠,启动前按电机运转方向盘车数圈,检查压缩机、变速箱和电机运转是否正常,有无受阻受卡情况,发现后应立即处理。检查管道和缸体内积液是否排尽,中间冷却器的冷却水是否畅通。

⑨ 拆除所有在正常运行中不应有的盲板。

(2) 压缩机的开车步骤

① 启动主机时,先启动润滑油泵和油封的油泵,使各润滑部位充分有油,检查油压、油量是否正常;检查轴位计是否处于零位,进出阀门是否处于正常位置。

② 检查油温和油压,将其调整到规定值。刚开车时油温较低,特别是冬季开车,应用油箱底部的蒸汽盘管进行加热。一般要求油温在 15℃ 以上时允许启动辅助油泵进行油循环,加热到 24℃ 以上时方能启动主油泵、停辅助油泵并将辅助油泵放在适宜的备用位置。油泵的出口压力一般调整到 0.147MPa。

③ 启动可燃性气体压缩机时,在油系统投入正常运行后应先用惰性气体(如氮气)置换压缩机系统中的空气,使氧气含量小于 0.5% 后方可启动。然后再用工艺气体置换氮气到符合要求,再将气体加压到规定的入口压力。

④ 启动前将气体的吸入阀门按要求调整到一定的位置,对于不同的机组要求不一样。对电动机驱动的压缩机,为防止在启动加速过程中电动机过载,应关闭吸入阀,同时全部打开旁路阀,使压缩机空负荷启动且不受排气管路负荷的影响。十几秒钟后压缩机达到额定转速,然后再渐渐打开吸入阀和关闭旁路阀。而对汽轮机驱动的压缩机来说,转速由低到逐步上升,不存在电动机驱动由于升速过快而产生的超负荷问题,所以一般是将吸入阀全开,防喘振用的回流阀或放空阀全开。如果有通向工艺系统的出口阀,应予以关闭(CO_2 压缩机通向工艺系统的出口放空阀,按现场经验开启 50% 左右较适宜)。

⑤ 启动前全部仪表、联锁系统投入使用,中间冷却器通水。

⑥ 汽轮机的暖管和暖机。暖管结束后逐渐打开主汽阀,在 $500\sim1000r/min$ 下暖机,稳定运行 30min,全面检查机组。检查内容包括:润滑油系统的油温、油压和轴承回油温度;密封油系统、调速油系统、真空系统、汽轮机的汽封系统和蒸汽系统以及各段进出口气体的温度压力是否正常;机器有无异常响声等。当一切正常,油箱油温已达到 32℃ 以上时,则可以开始升温。油温升高到 40℃ 时,可切断加热盘管蒸汽,并向油冷却器通入冷却水。

⑦ 在汽轮机驱动的压缩机转速达到 500r/min 以前,应按照暖机运转的程序进行,然后全部打开最小流量旁通阀,按预先制定的机组负荷试运转升速曲线进行升速。从低速

500～1000r/min 到正常的运行转速的升速过程中，其间应分阶段作适当停留，以避免因蒸汽流量突然变化而使蒸汽管网压力波动。但注意在通过临界转速区（临界转速的±10％）时不要停留，以防转子产生较大振动，造成密封环和轴承等间隙部位的损伤，甚至可能导致密封严重破坏。通过临界转速区进入调速器起作用的转速区（最低转速一般为设计转速的85％左右）时可较快地升速，使机组逐渐达到额定转速。在升速的同时对机组的运行状况要进行严密监视，尤其注意机组异常振动。

⑧ 电动机驱动的压缩机应空车启动，并空车运行 15min 以上，未发现异常现象时，即可逐渐关闭放空阀进行升压，当压力升高到规定压力时，若使用部门具备送气条件，可慢慢打开送气阀门向使用部门送工艺气体。

⑨ 检查各回油情况，气体压力、轴承温度、蒸汽压力或电流大小、气体或蒸汽流量以及主机的转速、压缩机运行声音和振动情况等，如有异常现象应查明原因迅速消除。

⑩ 严防压缩机抽空和倒转现象发生，以防损坏设备。

考考你：

A. 压缩机开车前为什么要进行盘车？

B. 为什么压缩机不一次升到所需压力？

C. 离心式压缩机流量的调节方法有哪些？

6.2.2　技能训练 24　压缩机的倒车

训练目标：掌握正确的倒车步骤，了解每一步操作原理及操作要求。

训练方法：在实训设备上按照下列操作项目和步骤进行练习，具备录像资料的学校也可通过录像进行学习。

（1）压缩机倒车之前，要做好所有的准备工作，包括人员到位、设备启动、各岗位之间联系和必要的工具。

（2）先关闭非运行空气冷却塔的空气进口线，再全开压缩机出口联通阀。

（3）操作时，两套压缩机的放空调节阀和送气阀配合要适当，调节过程要缓慢进行。

（4）为了防止止回阀失灵可能导致的气量倒流和压缩机超压发生喘振现象，规定切出压缩机的压力要始终低于切入压缩机的压力。

（5）倒车步骤

① 按正常开车步骤将启动切入压缩机，并升压至规定值，同时切出压缩机降压至规定值。

② 慢慢打开切入压缩机的送气阀，同时交替调整其放空阀，调整过程中要始终维持切入压缩机的出口压力在规定值。

③ 在调整切入压缩机的同时，调整切出压缩机，缓慢打开切出压缩机的放空阀，关闭切出压缩机送气阀，两阀操作应交替进行，以维持切出压缩机压力在规定值。

④ 当切出压缩机的送气阀开度接近全关时，将放空阀全开，使切出压缩机处于卸载运行状态。

⑤ 现场确认切出压缩机的送气阀全关。

⑥ 现场确认系统压力已经平衡。

⑦ 做好切出压缩机的善后处理工作。

考考你：

A. 哪些情况需进行压缩机的倒车操作？

B. 倒车操作时，两台压缩机的压力如何控制？为什么？

6.2.3 技能训练 25 离心式压缩机的正常停车

训练目标：掌握压缩机的正确停车步骤，了解每一步的操作原理及操作要求。

训练方法：在实训设备上按照下列操作项目和步骤进行练习，具备录像资料的学校也可通过录像进行学习。

① 关闭送气阀，同时打开出口防喘振回流阀或放空阀，使压缩机与工艺系统切断，全部自行循环。

② 关闭进口阀，启动辅助油泵，在达到喘振流量前切断汽轮机或电动机的电源。

③ 通过调速器使汽轮机降速，达到调速器起作用的最低转速时，打开所有防喘振回流阀或放空阀。开阀顺序为先开高压阀后开低压阀，阀门的开、关都必须缓慢进行，以防止关闭太快而使压力比超高，造成喘振；也要防止因回流阀或放空阀打开太快而引起前一段入口压力在短时间内过高，而造成转子轴向力太大，导致止推轴承损坏。

④ 用主气阀手动降速到 500r/min 左右，运行 30min，注意应快速通过临界转速。

⑤ 利用危急保安器或手动停车开关停车。

⑥ 关闭压缩机出口阀，防止管网内工艺气体倒流至压缩机内。

⑦ 当压缩机组停稳后，润滑油系统继续运行一段时间，一般间隔 15min 盘车一次。此时可关小润滑油冷却器中的冷却水，但不能全部关闭，要有一定量的冷却水通过冷却器，待润滑油回油温降到 40℃以下后再停止辅助油泵，全部关闭冷却水，以保护转子、轴承和密封系统。

如果工艺气体是易燃、易爆或对人体有害的气体，需要在压缩机停车后继续向密封系统注油，以确保易燃、易爆或有害气体不泄漏到压缩机外。如机组需要长时间停车时，在关闭进出口阀门以后，应使压缩机内气体卸压，并用 N_2 置换，再用空气进一步置换后，才能停止油系统。

考考你：

A. 停车操作时为什么不能全关润滑油冷却器中的冷却水？

B. 为什么压缩机停车后，要每隔一段时间盘车一次？

C. 为什么在蒸汽驱动的离心式压缩机开车和停车时均要快速通过临界转速区？

6.2.4 技能训练 26 离心式压缩机的紧急停车

训练目标：了解需要采取紧急停车措施的情况，并了解紧急停车步骤。

训练方法：以模拟操作的方式或情景对答的方式进行练习，使学生先熟悉紧急停车的情况，然后由指导教师假设突发情况，让学生回答操作的步骤或模拟操作。

（1）当压缩机在运转中有下列情况之一时，应紧急停车。

①压缩机或电机有突然的强烈振动或机内有异常响声时。

②油压迅速下降，超过规定极限而联锁失灵时。

③任意一个轴承温度超温报警仍继续上升，任意一个轴承或密封处出现冒烟现象时。

④电机冒烟和出现火花时。

⑤机组某一零件有危险情况时。

⑥突然停电、停水、停蒸汽时。

⑦冷却水管破裂，水进入电机或油系统。

⑧轴向位移超过指标（>0.4mm），保安装置不动作时。

⑨油箱油位低于规定值，虽然继续加油仍无法达到规定油位时。

（2）紧急停车步骤

①先遥控打开紧急放空阀。

②立即切断电动机电源，停止机组运转。

③快速打开压缩机放空阀卸压。

④按正常停车做好处理工作。

6.2.5　离心式压缩机的正常操作与维护

①保持设备整洁卫生，控制表盘干净清晰。

②按时做巡回检查，检查压缩机与电机运行是否正常，运行声音是否正常，有无摩擦和碰撞声音，发现问题及时处理。

③建立一套完好的操作记录。操作记录的项目包括：压缩机轴承温度，各级轴振动，各级进出口的气体温度和压力，润滑油、密封油的油温和油压，油箱的油位高度，中间冷却器、油冷却器和后冷却器进出口冷却水的温度以及电动机的电流等。必要时测试并记录冷凝液的 pH 值。将上述各参数严格控制在规定范围内，如发现不正常现象应及时调节处理。

④为保证压缩机在苛刻条件下长期安全运转，防止事故发生，运行中应进行有效的监视，监视项目主要有：异常喘振和振动监视及诊断（主要监视项目），密封系统的异常诊断（其中包括气体泄漏检测、密封压力差、密封油的喷淋量和工艺过程的压力、温度变化的监视），其他监视项目如轴承温度、润滑油、密封油的压力、温度和油质状态。

⑤压缩机严禁在喘振工况区工作，如发现进入喘振工况区，应立即打开放空阀，使机组尽快脱离喘振工况区。喘振是离心式压缩机运行过程中易出现的一种不正常现象。如进口管道堵塞、进口气体温度过高，使进口气量减小，或者出口压力升高，开停车过程操作不当，均会引起喘振现象。喘振现象发生时，会出现气体压力、流量的较大波动，压缩机振动较大，声音异常等现象。

⑥定期清洗油过滤器，清理灰尘过滤器和冷却器，润滑油应实行三级过滤，以保持油质合格。

⑦在压缩机运行中，随着出口压力的升高，汽轮机的转速可能有些下降，此时要进行调整，使机组在额定转速下运行。

⑧ 按时对备用压缩机进行盘车，长期停车时，应每天盘车一次。

⑨ 经常检查水、油、气管线是否有跑、冒、滴、漏现象。

⑩ 操作中开、关阀门应缓慢进行，严禁开、关过猛，影响系统平衡。

⑪ 经常检查气体冷却器的疏水器放水情况，如果排水不畅，应关闭其上部阀门，打开旁通阀，放水后关闭旁通阀，并排除故障。

考考你：

A. 什么是压缩机的喘振现象？有何危害？产生的原因有哪些？如何防止？

B. 什么是离心式压缩机的轴振动？如何防止？产生的原因有哪些？

6.3 常见异常现象及处理方法

异常现象	原 因	处 理 方 法
压缩机喘振	①吸入管路堵塞,吸气压力下降 ②气体冷却器冷却能力下降,吸入温度升高,使相同转速下喘振压升比下降 ③出口压力升高,超过相同转速下喘振压升比 ④停车发生喘振	①彻底清洗吸入过滤器、吸入管路 ②增加冷却水量,消除冷却器污垢,适当提高转速 ③进行试车与气密试验前的性能相似换算,提高出口压力 ④停车前降速过程中,在转速下降到调速器最低工作转速之前,必须按先高压后低压顺序依次打开旁通阀
转子轴向位移大	①止推轴承磨损 ②各级气体压力失去平衡值	①检查修理 ②调整或检修
轴承温度过高	①供油不足,注油管阻塞,或油压降低 ②轴承破裂或落入碎片 ③轴位移过大或轴振动 ④进油温度过高 ⑤轴瓦间隙量小 ⑥油内混有水分或润滑油变质	①检查油路系统,加大供油量 ②严重时停车进行检修 ③调节冷却水量,并降低水温 ④调整间隙 ⑤检查油质,更换新油
压缩机振动过大	①联轴器和机身转子找正误差大 ②压缩机转子动平衡被破坏 ③轴承损坏 ④负荷急剧变化,发生喘振 ⑤机壳内有积水或固体物质 ⑥轴瓦合金脱落 ⑦操作转速接近临界转速 ⑧气流不畅,背压过高	①重新找正 ②重新找动平衡、平衡修正或消除叶轮的污垢 ③更换新轴承 ④稳定负荷,加大吸入量或其他消振方法 ⑤消除积水或固体物质 ⑥更换轴瓦 ⑦调整操作转速,不要在临界转速下停留或改变临界转速 ⑧消除滤网和隔板污垢(水锈或铁锈)
压缩机出口流量降低	①压缩机任意一级的吸气温度过高 ②空气过滤器堵塞 ③原料气通道内有杂质,造成流道缩小	①调整冷却水量,必要时清洗冷却水管道 ②清洗空气过滤器 ③及时清除流道内的杂质

续表

异常现象	原　　因	处　理　方　法
油压急剧下降	①油泵发生故障 ②油管泄漏或堵塞 ③油过滤器堵塞 ④油箱内油位低 ⑤油泵吸入管漏气 ⑥压力表失灵或导压管有故障 ⑦冷却不良,油温升高	①切换检修 ②检查修理和清理 ③清洗油过滤器 ④添加润滑油 ⑤检查漏气点并消除 ⑥检查故障原因并消除 ⑦加大冷却水
耗油量大	①密封油污油收集器排油阀失灵 ②浮环磨损,使内浮环与轴间隙过大	①检查、修复污油收集器排油阀 ②检查或更换浮环
压缩机入口油温过高	①冷却水量不足 ②冷却器结垢 ③润滑油变质	①增加水量 ②彻底清理冷却器 ③更换新油
油冷却器出口油温过高	①油冷却器冷却水阀开度过小 ②油冷却器换热效果差或堵塞 ③冷却器内有空气 ④润滑油变质	①增加水量 ②清洗油冷却器 ③排除积气 ④更换新油

第7章 非均相物系分离岗位

非均相物系的分离方法有很多种，本章主要介绍板框压滤机与转鼓真空过滤机岗位的基本操作方法和训练内容。

板框压滤机和真空过滤机岗位的主要工作包括：

① 操作机泵，将固、液混合物送入压滤机或离心分离机；

② 调节控制设备的压力或真空度、流量、固液比等工艺参数；

③ 定时对分离后的固体取样，分析残渣含量；

④ 检查维护每个过滤分离装置的运转情况；

⑤ 发现并处理过滤过程中的异常现象和事故；

⑥ 填写生产记录报表。

7.1 板框压滤机的操作

板框压滤是一种间歇的操作，适用于颗粒细小、黏度较大、小批量生产和多品种物料的过滤。

7.1.1 技能训练装置

板框压滤机的工作流程及结构如图 7-1 和图 7-2 所示。

7.1.2 技能训练 27 认识板框压滤机的结构及工作流程

训练目标：熟悉板框压滤机的设备构成、作用以及测量仪表。

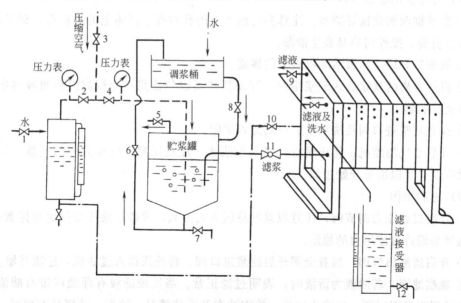

图 7-1 板框压滤机工作流程图

1—水调节阀；2,4—压力调节阀；5—排气阀；6—滤浆返回调浆桶调节阀；7—排浆阀；8—滤浆阀；
9—滤液出口阀；10—废水进口阀；11—滤浆进口阀；12—滤液排放阀

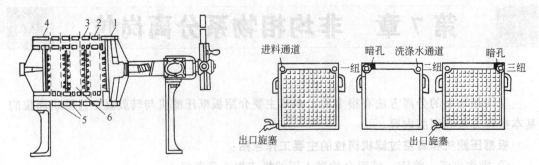

图 7-2　板框压滤机结构

1—可动头；2—滤框；3—滤板；4—固定头；5—滤布；6—滤饼

训练方法：观察板框压滤机的实训装置及流程，回答下列问题。

A. 你用的板框压滤机有多少个板，多少个框？安装滤板和滤框时有什么规定吗？

B. 待分离的滤浆是怎样送进压滤机的？

C. 滤布应该安装在滤板上还是滤框上？滤布在过滤过程中除了起过滤介质的作用外，还有其他的作用吗？

D. 料浆与洗涤水是从同一条管路进入压滤机的吗？

E. 在料浆桶内为什么要安装搅拌器？

7.1.3　技能训练 28　板框压滤机的正常开停车与操作

训练目标：掌握压滤过程中准备、开车、操作、停车等各工序的操作方法，同时学会观察压滤设备的工作情况及工艺参数的变化情况，并能够进行调节和控制。

训练方法：利用实训装置，按下列步骤进行操作练习。

（1）开车前的准备工作

① 在滤框两侧先铺好滤布，注意要将滤布上的孔对准滤框角上的进料孔，铺平滤布。滤布如有折叠，操作时容易发生泄漏。

② 板框装好后，压紧活动机头上的螺旋。

③ 将待分离的滤浆放入贮浆罐内，开动搅拌器以免滤浆产生沉淀。在滤液排出口准备好滤液接收器。

④ 检查滤浆进口阀及洗涤水进口阀是否关闭。

⑤ 开启空气压缩机，将压缩空气送入贮浆罐，注意压缩空气压力表的读数，待压力达到规定值，可以准备开始过滤。

（2）过滤操作

① 开启过滤压力调节阀，注意观察过滤压力表读数，等待过滤压力达到规定数值后，通过调节来维持过滤压力的稳定。

② 开启滤液出口阀，接着全部开启滤浆进口阀，将滤浆送入过滤机，过滤开始。

③ 观察滤液，若滤液为清液时，表明过滤正常。当发现滤液有浑浊或带有滤渣，说明过滤过程中出现问题。应停止过滤，检查滤布及安装情况、滤板、滤框是否变形，有无裂纹，管路有无泄漏等。

④ 定时读取并记录过滤压力，注意滤板与滤框的接触面是否有滤液泄漏。

⑤ 当出口处滤液量变得很小时，说明板框中已充满滤渣，过滤阻力增大使过滤速度减慢，这时可以关闭滤浆进口阀，停止过滤。

⑥ 洗涤。开启洗涤水出口阀，再开启洗水进口阀向过滤机内送入洗涤水，在相同压力下洗涤滤渣，直至洗涤符合要求。

（3）停车　关闭过滤压力表前的调节阀及洗水进口阀，松开活动机头上的螺旋，将滤板、滤框拉开，卸出滤饼，将滤板和滤框清洗干净，以备下一个循环使用。

7.1.4 板框压滤机常见异常现象与处理方法

常见故障	原　　　因	处　理　方　法
局部泄漏	①滤框有裂纹或穿孔缺陷 ②滤框和滤板边缘磨损或腐蚀 ③滤布未铺好或破损 ④物料内有障碍物	①更换新滤框和滤板 ②同① ③重新铺平滤布或更换新滤布 ④清除干净
压紧程度不够	①滤框不合格,弯曲变形严重 ②滤框、滤板和传动件之间有障碍物	①更换合格滤框 ②清除障碍物
滤液浑浊	滤布破损	检查滤布,如有破损,及时更换

7.1.5 板框压滤机的使用与维护

① 压滤机停止使用时，应冲洗干净，转动机构应保持整洁，无油污油垢。

② 滤布每次使用后应清洗干净，避免滤渣堵塞滤孔。

③ 电器开关应防潮保护。

7.2 转鼓真空过滤机的操作

转鼓真空过滤机是将过滤、洗涤，除渣等项工艺操作在转鼓中一次完成，是一种连续操作的过滤机。

7.2.1 技能训练装置

转鼓真空过滤机是依靠真空系统形成的转鼓内外压差进行过滤。其外形及工作流程如图 7-3 所示。

转鼓真空过滤机的结构及工作循环如图 7-4 所示。

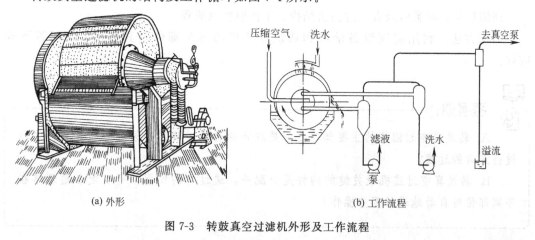

(a) 外形　　　　　　　　　　(b) 工作流程

图 7-3　转鼓真空过滤机外形及工作流程

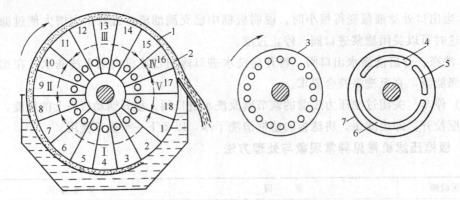

图 7-4　转鼓真空过滤机结构及工作循环

1—转鼓；2—滤饼；3—分配头转动盘；4—洗涤水通道；

5—压缩空气通道；6—滤液通道；7—分配头固定盘

转鼓过滤机的工作循环分 5 个步骤完成，这 5 个步骤分别对应于转鼓上的 5 个区，分别用号码Ⅰ、Ⅱ、Ⅲ、Ⅳ、Ⅴ表示，如图 7-4 所示。

Ⅰ区为过滤区。对应于图中第 1～7 扇形格的位置。当转鼓的Ⅰ区转入滤浆槽内时，分配头转动盘上的小孔与真空管相通，在负压的作用下，滤液被吸入转鼓内，滤渣则吸附在转鼓表面形成滤饼。

Ⅱ区为吸干区。对应于图中第 8～11 扇形格的位置。当转鼓处于Ⅱ区的位置时，分配头转动盘上的小孔仍与真空管相通，在负压的作用下，滤饼被进一步吸干。

Ⅲ区为洗涤区。对应于图中第 12～15 扇形格的位置。当转鼓处于Ⅲ区的位置时，洗涤水喷嘴开启，扇形格上的小孔通道与分配头固定盘上洗涤水通道接通，在负压的作用下，洗涤水被吸入。

Ⅳ为吹松区。对应于图中第 16 扇形格的位置。当转鼓处于Ⅳ区的位置时，扇形格上的小孔通道与分配头固定盘上压缩空气通道接通，压缩空气将滤饼吹松。

Ⅴ为卸料区。对应于图中第 17、18 扇形格的位置，当转鼓处于Ⅴ区的位置时，吹松的滤饼被刮刀刮下后进入输送器，同时向扇格内送入水或蒸汽、空气，将滤布洗净。然后开始下一个工作循环。

7.2.2　技能训练 29　认识转鼓真空过滤机的结构及工作流程

训练目标：熟悉转鼓真空过滤机结构、工作原理及流程。

训练方法：利用实训设备学习和认识过滤机的各个部件及其作用，并回答下列问题。

考考你：

A. 转鼓真空过滤机的主要部件之一是旋转的转鼓，转鼓必须具备哪些条件才能进行正常的过滤？

B. 转鼓真空过滤机最关键的构件是分配头，通过它的作用，可以使各扇形格在不同部位时自动地进行哪些操作？

7.2.3 技能训练 30 转鼓真空过滤机的正常开停车与运行

训练目标：熟悉转鼓真空过滤机的操作，掌握正常的开停车及操作方法。

训练方法：在实训设备上按下列步骤进行练习。

(1) 开车前的准备工作

① 检查滤布。滤布应清洁无缺损，注意不能有干浆。

② 检查滤浆。滤浆槽内不能有沉淀物或杂物。

③ 检查转鼓与刮刀之间的距离，一般为 1~2mm。

④ 查看真空系统真空度大小和压缩空气系统压力大小是否符合要求。

⑤ 给分配头、主轴瓦、压辊系统、搅拌器和齿轮等传动机构加润滑脂和润滑油，检查和补充减速机的润滑油。

(2) 开车

① 点车启动。观察各传动机构运转情况，如平稳、无振动、无碰撞声，可试空车和洗车 15min。

② 开启进滤浆阀门向滤槽注入滤浆，当液面上升到滤槽高度的 1/2 时，再打开真空、洗涤、压缩空气等阀门。开始正常生产。

(3) 正常操作

① 经常检查滤槽内的液面高低，保持液面高度为滤槽的 3/5~3/4，高度不够会影响滤饼的厚度。

② 经常检查各管路、阀门是否有渗漏，如有渗漏应停车修理。

③ 定期检查真空度、压缩空气压力是否达到规定值、洗涤水分布是否均匀。

④ 定时分析过滤效果，如：滤饼的厚度、洗涤水是否符合要求。

(4) 停车

① 关闭滤浆入口阀门，再依次关闭洗涤水阀门、真空和压缩空气阀门。

② 洗车。除去转鼓和滤槽内的物料。

7.2.4 转鼓真空过滤机常见异常现象与处理方法

常见故障	原　　因	处 理 方 法
滤饼厚度达不到要求，滤饼不干	①真空度达不到要求 ②滤槽内滤浆液面低 ③滤布长时间未清洗或清洗不干净	①检查真空管路有无漏气 ②增加进料量 ③清洗滤布
真空度过低	① 分配头磨损漏气 ② 真空泵效率低或管路漏气 ③ 滤布有破损 ④ 错气窜风	① 修理分配头 ② 检修真空泵和管路 ③ 更换滤布 ④ 调整操作区域

7.2.5 转鼓真空过滤机的使用与维护

① 要保持各转动部位有良好的润滑状态，不可缺油。

② 随时检查紧固件的工作情况，发现松动，及时拧紧，发现振动，及时查明原因。

③ 滤槽内不允许有物料沉淀和杂物。

④ 备用过滤机应每隔 24h 转动一次。

第8章 蒸发岗位

蒸发操作是溶液中的挥发性溶剂与不挥发性溶质的分离过程，广泛应用于化工、轻工、食品、制药等工业领域。本章主要介绍单效蒸发和多效蒸发岗位的基本训练方法和训练内容。

蒸发岗位的主要工作包括：

① 操作机泵将溶液输送进蒸发器；

② 调控蒸发器的温度、压力、真空度和浓度等工艺参数，加热蒸发稀溶液，使溶液增浓；

③ 分析溶液的相对浓度或密度；

④ 使用浓液泵，将浓液输送至储罐或下道工序；

⑤ 发现并处理蒸发系统中的异常现象和事故；

⑥ 填写生产记录报表。

8.1 蒸发装置及流程

8.1.1 单效蒸发装置及流程

单效蒸发按操作压力可以分为常压、加压和减压（真空）三种操作类型，工业生产中常见的为真空蒸发流程。图 8-1 是典型的单效真空蒸发流程。在蒸发器中，加热蒸汽在加热室 1 的管隙中放出热量后被冷凝，料液进入蒸发器的加热室 1，蒸发出来的二次蒸汽与少部分溶质经过蒸发室 2，进入二次分离器 3 进行分离，分离后的液体返回蒸发室 2，二次蒸汽进入混合冷凝器 4 后冷凝排放。缓冲罐 6 中的气体由真空泵抽出，使系统内形成负压，并将

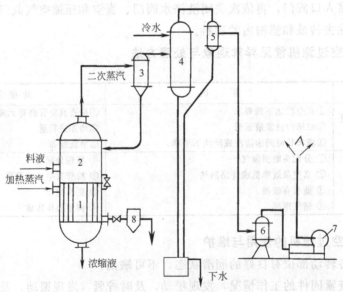

图 8-1 单效真空蒸发流程

1—加热室；2—蒸发室；3—二次分离器；4—混合冷凝器；5—汽水分离器；
6—缓冲罐；7—真空泵；8—冷凝水排除器

混合冷凝器 4 内未被冷凝的气体抽出，经过汽水分离器 5 进一步分离后排入大气。

8.1.2 多效蒸发装置及流程

多效蒸发装置根据料液加入的方向不同，可以分为顺流加料流程、逆流加料流程及平流加料流程三类。

（1）顺流加料 顺流加料又称为并流加料，其流程如图 8-2 所示，顺流加料蒸发的优点是：

① 由于前效压力较后效高，料液可借此压力差自动地流向后一效而无需泵送；

② 最后一效通常在负压下操作，浓缩液的温度较低，系统的能量利用较为合理。

缺点是：最后一效溶液由于温度低、黏度大，传热条件较差，所以往往需要有比前几效更大的传热面积。

见图 8-2，电解液贮槽 1 内的电解液，用加料泵 3 送入预热器 4a、4b 预热至 100℃ 以上，再加入Ⅰ效蒸发器 5a，Ⅰ效蒸发器出来的料液进入Ⅱ效蒸发器 5b，Ⅱ效蒸发器出来的料液经分盐后送入Ⅲ效蒸发器 5c，Ⅲ效蒸发器出来的 30% 成品碱送入浓碱冷却澄清槽 16，再由冷却泵 17 送至冷却器 18 循环冷却至 40℃ 以下，澄清后的碱液送入浓碱贮槽 19，由成品碱泵 20 送至包装销售。Ⅱ效蒸发器和Ⅲ效蒸发器采出的盐浆经过旋液分离器 8a、8b 增稠后集中排入盐泥高位槽 10，与成品碱澄清冷却采出的盐泥一起输入离心泵 11 分离，第一次分离所得的碱液流入母液槽 13 内，再送入Ⅱ效蒸发器，洗涤液经洗涤水槽 14 送入Ⅰ效蒸发器，洗涤后碱盐化成回收盐水经盐水池 12 用盐水泵送往盐水工序。

（2）逆流加料 逆流加料流程如图 8-3 所示。此时料液与二次蒸汽流向相反，各效的浓度和温度对液体黏度的影响大致相抵消，各效的传热条件大致相同。逆流加料时溶液在各效间的流动必须用泵输送。

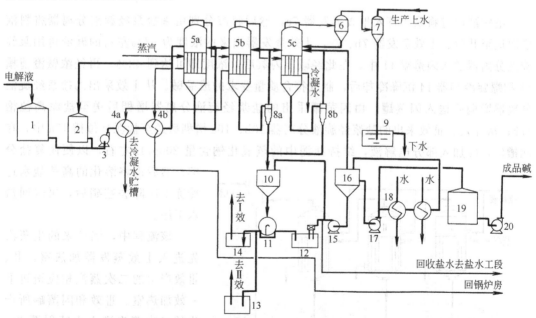

图 8-2 顺流加料三效蒸发流程

1—电解液贮槽；2—电解液预热循环槽；3—加料泵；4a、4b—预热器；5a~5c—蒸发器；6—捕沫器；7—冷凝器；

8a、8b—旋液分离器；9—下水池；10—盐泥高位槽；11—离心泵；12—盐水池；13—母液槽；14—洗涤水槽；

15—盐碱泵；16—冷却澄清槽；17—冷却泵；18—冷却器；19—浓碱贮槽；20—成品碱泵

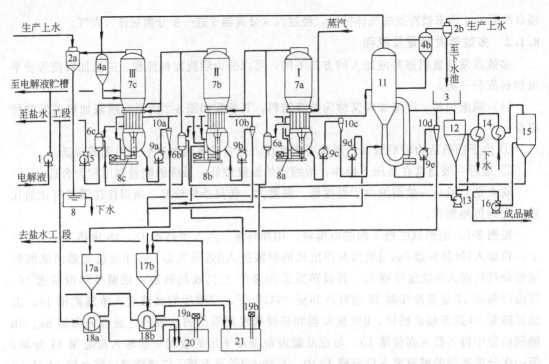

图 8-3　逆流加料三效蒸发流程

1—进料泵；2a，2b—水喷射冷凝器；3—下水池；4a，4b—碱沫捕集器；5—冷凝泵；6a～6c—冷凝液闪蒸罐；7a～7c—Ⅰ～Ⅲ效蒸发器；8a，8b，8c—强制循环泵；9a～9e—盐浆泵；10a～10d—旋液分离器；11—闪蒸发器；12—浓碱冷却槽；13—冷却循环泵；14—浓碱冷却器；15—浓碱澄清槽；16—成品泵；17a，17b—离心机高位槽；18a，18b—离心机；19a，19b—液下泵；20—回收盐水槽；21—母液槽

电解液由进料泵 1 打入Ⅲ效蒸发器 7c，然后料液分别由采盐泵经旋液分离器将料液依次送至Ⅱ效、Ⅰ效蒸发器 7b、7a，Ⅰ效蒸发器出来的浓度为 37% 左右的碱液再用泵经旋液分离器送入闪蒸罐 11 中，在此经减压闪蒸后，浓度即可达到 42%，再经浓碱澄清槽 15 和螺旋冷却器 14 沉降冷却后，制成符合质量要求的成品碱。从Ⅰ效采出的盐浆经旋液分离器增稠后送入闪蒸罐，由闪蒸罐采出的盐浆经旋液分离器增稠后送至盐泥高位槽 17b；从Ⅱ效、Ⅲ效采出的盐浆经旋液分离器 10b、10a 增稠后送至盐泥高位槽 17a 中，在此槽里，应加入部分电解液，维持盐泥中的氢氧化钠含量 200g/L 左右，以便使复盐分解，然后再将溶化的高芒盐水送冷冻工序除去芒硝后，再送回盐水工序。

该流程中，锅炉来的生蒸汽先进入Ⅰ效蒸发器加热室，Ⅱ、Ⅲ效产生的二次蒸汽相应送进下一效加热室。Ⅲ效和闪蒸罐所产生的二次蒸汽进入水喷射泵 2a，冷凝水排入下水池。各效加热室排出的冷凝水则分别进入冷凝罐 6a、6b、6c 中，Ⅰ、Ⅱ效冷凝水

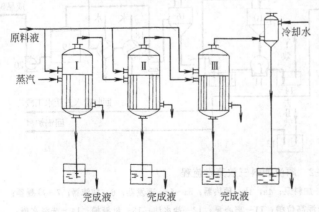

图 8-4　平流加料三效蒸发流

在罐内发生闪蒸,闪蒸产生的蒸汽供下一效使用,闪蒸后的冷凝水再汇入Ⅲ效冷凝水罐6c,用作洗效和洗盐。

(3) 平流加料   平流加料流程如图 8-4 所示。在平流流程中二次蒸汽得到多次利用,但料液是同时进入三个蒸发器中,这种加料方式对易结晶的物料较为合适。

8.2   顺流加料三效蒸发基本操作技能训练

8.2.1   技能训练 31   蒸发装置的正常开车

实训目标:掌握蒸发装置的正常开车步骤,了解开车操作的基本原理。

实训方法:在实训装置上按下列步骤进行操作练习,也可通过录像学习。

(1) 开车前的准备工作

① 详细检查本岗位的设备、管道、阀门有无盲板、堵塞、泄漏及开关位置是否正确。

② 检查各压力表、真空表、安全阀、视镜是否完好。

③ 检查自控仪表(特别是高位报警)是否灵活。

④ 检查各强制循环泵、物料泵、溶液循环泵、热水泵等是否正常。

⑤ 锅炉、水泵等辅助设施能提前投入正常运行。

(2) 正常开车操作

① 先启动油泵,调节油压在 1.6MPa 左右,并检查电磁阀、油压阀、换向阀是否正常。

② 水泵房开始送水。

③ 当Ⅲ效蒸发器内真空度符合规定值(一般在 0.05MPa)时,开始向Ⅰ效蒸发器进料。

④ 当Ⅰ效蒸发器液面达到规定液面(一般控制在上视镜 1/2 处)时,向Ⅱ效进少量料液。

⑤ Ⅲ效蒸发器一般先不进料,待蒸发出二次蒸汽后,逐渐向Ⅲ效进料。

⑥ 打开各效冷凝水排放阀,然后缓慢开启蒸汽总阀门,待料液完全沸腾时,方可全开蒸汽总阀门。

⑦ 排放各效不凝气体,当有蒸汽排出时(不含水),方可全部关闭各效排气阀。

⑧ 逐渐调整各控制指标到正常范围,转入正常运行。

当Ⅱ效、Ⅲ效碱液液面达到上视镜上方 1/2 处时,启动各强制循环泵。

8.2.2   技能训练 32   蒸发装置的停车操作

实训目标:掌握蒸发装置的正常停车步骤,了解紧急停车的情况以及操作步骤。

实训方法:在实训装置上按下列步骤进行操作练习,也可通过录像学习。

(1) 正常停车操作步骤

① 锅炉停送蒸汽,停送蒸汽 5~10min 后排汽放空。

② 关进料泵,停止进料。

③ 将合格浓度的碱液由蒸发室引到溢流槽,其他料液由加料泵转入电解液贮槽,Ⅱ效、Ⅲ效蒸发器转料,必须从强制循环泵出口弯头下阀门转出,然后再转出结晶器内碱液。

④ 倘若不继续生产，又不洗罐，应由帽罩冲洗各台蒸发器，并用水浸泡。

⑤ 泄油压，停油泵。

洗罐操作方法：各效蒸发器分别从帽罩和过料管加水至上视镜，然后送蒸汽，洗罐 3h 左右；洗罐完毕，停送蒸汽，排除剩余蒸汽后，取洗水样品进行分析，含碱若 ≤10g/L 时，洗罐水排入地沟。

（2）紧急停车

① 当蒸发装置有下列情况之一时，需采取紧急停车操作：ⓐ突然停电、汽、水；ⓑ Ⅰ效、Ⅱ效、Ⅲ效视镜破裂，并有大量碱液往外喷；ⓒ蒸发器各密封点泄漏，并有大量碱液（或汽）往外喷；ⓓ蒸汽管及蒸汽阀门破裂。

② 紧急停车操作步骤：ⓐ停送蒸汽，然后关闭蒸汽总阀门；ⓑ立即打开各效排汽阀排汽；ⓒ停车时间超过 4h，必须将料液转出。

8.2.3 蒸发过程操作要点

（1）料液液面高度对蒸发过程的影响　蒸发器液面的正常与稳定对蒸发操作十分必要。液面过低，加热室的加热管上方易结盐，影响料液的正常循环，降低加热效率，甚至会引起加热管局部或全部堵塞，以致无法正常操作。对于强制循环蒸发器，过低的液面会使循环泵发生气蚀和振动，危及泵的安全运行。液面过高，会导致较大的液面静压，使料液沸点上升，传热温差变小，生产能力下降，液面过高还会使气液分离空间过小，容易出现从二次蒸汽管中跑碱的事故。因而在各效蒸发器内液面高度应保持适宜。一般悬筐式、标准式一类自然循环蒸发器适宜液面定在加热室以上 0.5m 处，列文式蒸发器在沸腾区上方 0.3～0.5m 处。

（2）真空度对蒸发过程的影响　真空度也是蒸发操作中的一个重要工艺条件。真空度过低，不但蒸发装置的生产能力得不到充分发挥，而且还会增加蒸汽消耗量，因此蒸发系统采用较高的真空度，以增大末效及整个蒸发系统的传热温差，从而提高装置的生产能力。真空度增大，还可以降低蒸发系统的蒸汽消耗，同时，真空度增大，可使碱液沸点降低，碱液离开蒸发系统带走的热量减少，并可减少预热所用蒸汽量。实际生产中应采用尽可能高的真空度，以达到高产低耗的目的。

影响真空度的因素有如下几个方面。

① 不凝气。蒸发过程中的不凝气主要是空气。由于真空设备单位时间排除不凝气的能力有限，所以要尽量减少带入系统的不凝气量。不凝气来自三个部分：二次蒸汽夹带的不凝气；冷却水进入真空系统后释放出其中溶解的不凝气；真空系统管道和设备的各个连接部位漏入的不凝气。为提高蒸发装置的真空度，必须提高管道和设备的密闭性能。

② 真空系统的阻力。真空系统内的蒸汽和不凝气的流速很大，在流动过程中会有较大的阻力，引起真空度损失。

③ 冷却水量和温度。末效蒸发器的真空度是通过冷凝蒸汽并排除不凝气而形成的。理论上最大真空度应该是大气压与冷凝器排出冷却水在此温度下的饱和蒸气压之差。由于水的饱和蒸气压是随水温升高而增大的。所以，水温越高可达到的真空度越低。蒸发系统生产能力一定时，冷凝的蒸汽量基本不变。因此，冷却水温度高低取决于冷却水的温度和水量。

（3）出碱浓度　严格控制蒸发系统的出碱浓度是稳定成品碱质量的主要保证。出碱浓度偏低，成品碱的质量指标不合格，浓碱带出的盐也多，碱含量达不到要求的规格；若出碱浓度偏高，不但会增加蒸汽消耗，还会加剧设备腐蚀；因此在蒸发操作中必须严格控制出碱浓度。若出碱浓度增加 1%，一般每吨碱的汽耗增加 20%～30%，生产含量为 30% 碱时要求出碱浓度稳定在 410～430g/L 之间，生产含量为 42% 碱时出碱浓度要稳定在 610～630g/L 之间。

8.2.4 常见异常现象与处理方法蒸发过程正常操作要点

常见故障	产生的原因	处理方法
Ⅰ效蒸发器二次蒸汽压力升高	①生蒸汽压力高 ②Ⅰ效加热室结盐 ③加热室积水 ④Ⅰ效脱料	①降低压力 ②洗罐 ③排除积水 ④迅速补充料液
Ⅱ效蒸汽压力升高	①Ⅱ效加热室积不凝性气体 ②Ⅱ效蒸发器加热室结盐 ③Ⅱ效脱料 ④Ⅱ效浓度过高 ⑤加热室漏气,蒸汽漏入加热室	①排除不凝性气体 ②洗罐或加水单效小洗 ③迅速过料补充 ④出料调节浓度 ⑤出料并停车检查
蒸发浓度上升慢、生产能力下降	①预热温度低 ②加热室结盐 ③蒸发器加热室积水 ④加热室积不凝性气体 ⑤蒸发器液面过高	①检查调整预热器 ②小洗或大洗蒸发器 ③排除积水 ④排除不凝性气体 ⑤调节液面
冷凝下水含碱高	①末效液面高 ②循环上水含碱高 ③上水量小	①调节液位 ②补充新鲜水 ③调节水量
Ⅱ效、Ⅲ效冷凝水含碱高	①Ⅰ效液面高,跑料 ②Ⅱ效加热室漏 ③Ⅱ效预热器漏	①降低液面 ②停车检修 ③停车检修
真空度低	①真空系统漏气 ②真空管路或蒸发汽帽罩堵塞不畅 ③上水流量过小或上水温度高 ④下水管结垢或堵塞 ⑤喷嘴堵塞 ⑥加热室漏	①检查补漏 ②检查后冲洗 ③加大水量、改善水质 ④换下水管 ⑤停车处理 ⑥停车维修
蒸发器振动	①液面高时仍在补充料液 ②开车时,蒸汽阀开度大	①降低液面 ②开车时慢慢开启阀门
蒸发器液面沸腾不均匀	①加热室内有空气 ②部分加热室堵塞 ③加热管漏	①排除不凝性气体 ②洗罐检查 ③停车检修

 考考你：

A. 不凝性气体的存在对蒸发系统有哪些影响？

B. 提高蒸发系统真空度的方法有哪些？

C. 蒸发器液面过高会出现哪些现象？

D. 加热室结盐会出现哪些现象？

第9章 干燥岗位

干燥操作是采用某种传热方式将热量传给含水物料，使物料中的水分蒸发并分离出来的单元操作。

干燥岗位的主要工作包括：

① 操作加热设备，采用对流、传导、辐射、微波、远红外线等供热方式，将热能送入干燥器；

② 控制干燥器的温度、湿度、气流速度等工艺参数，使湿物料中的水分或溶剂汽化，达到除去的目的；

③ 发现并处理干燥系统中异常现象和事故；

④ 填写生产记录报表。

9.1 干燥器及流程简介

根据被干燥物料的性质、干燥程度、生产能力大小的不同，采用的干燥器各不相同。例如：液态或泥浆状物料如洗涤剂、树脂溶液、牛奶等，当处理量大而且需要连续处理时，优选喷雾干燥器。当处理量少而且需要连续处理时，优选真空转鼓干燥器。对染料、淀粉、碳酸钙等泥浆状物料，当处理量大而且需要连续处理时，优选气流干燥器，其次选择通风带式干燥器。粉粒状物料如聚氯乙烯、合成肥料等，当处理量大而且需要连续处理时，优选气流干燥器。当处理量少而且需要间歇处理时，首选沸腾床干燥器。

9.1.1 气流干燥器

气流干燥器属于热风输送型干燥器。它是利用热气流吹动粉粒状湿物料，使物料悬浮在气流中并被带动前进，在此过程中使物料受热干燥。气流干燥器流程如图9-1所示。

气流干燥器的主要优点是干燥速度快、时间短、生产能力大；设备结构简单、占地面积小；且可在输送的同时完成物料的干燥，操作连续并可实现自动化。缺点是压降大、动力消耗大、对粒状物料分离装置要求高，此外由于气流干燥管较高，使分离设备也要设置在高处。

气流干燥器主要用于粉粒状物料、热敏性物料的干燥。不适用于易黏结、易产生静电或干燥时放出易燃、易爆、有毒气体的物料，也不适于易磨损、易破碎物料的干燥。

9.1.2 喷雾干燥器

喷雾干燥器也属于热风输送型干燥器。它是用喷雾器将液态的稀物料喷成细雾滴分散在热气流中，使水分迅速蒸发而达到干燥的目的。喷雾干燥器流程如图9-2所示。

喷雾干燥器的主要优点是瞬间干燥，干燥时间仅为20~30s，特别适应热敏性物料的干燥，经喷雾造粒可制成空心颗粒或粉末，再溶性好。生产过程简单、操作稳定、自动化程度高。可由低浓度的料液直接获得颗粒产品。缺点是体积传热系数小、设备体积庞大、对分离设备要求高。

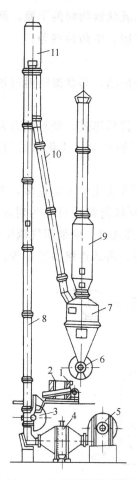

图 9-1 气流干燥器流程

1—贮料槽；2—投料器；3—加料器；4—空气预热器；5—送风机；6—卸料器；7—旋风
除尘器；8—直立管；9—空气过滤器；10—物料下降管；11—缓冲装置

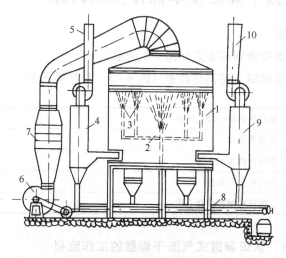

图 9-2 喷雾干燥器流程

1—操作室；2—旋转十字管；3—喷嘴；4,9—袋滤口；5,10—废气预热器；
6—送风机；7—空气预热器；8—螺旋卸料器

喷雾干燥器主要用于悬浮液和乳状液物料的干燥，例如饮品中的牛奶粉、可可粉，速溶咖啡等；以及洗衣粉、饲料、树脂、中药冲剂等。

9.1.3　流化床干燥器

流化床干燥器又称为沸腾床干燥器，粉状湿物料与热空气呈流化态接触，进行传热和水分的传递。

流化床干燥器的优点是传热、传质迅速，处理能力大。可任意控制物料在反应器内的停留时间，可制得不同含水量的干燥产品。流化床结构简单、操作维修方便、物料输送简单。

采用流化床进行干燥的物料要求含水量不能过多，不能结块，物料从粒子直径为50~300μm 的粉状物料到 1~5mm 的粒状物料均可作为对象。一般干燥产品的水分为 2%~3% 以下，当需要产品中的水分比其高时，应采用气流干燥器。

气流干燥器可分为连续单层型、卧式连续多室型等。如图 9-3、图 9-4 所示。

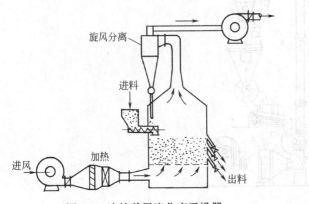

图 9-3　连续单层流化床干燥器

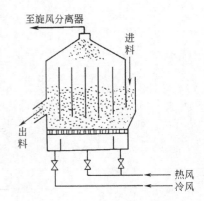

图 9-4　连续多室流化床干燥器

9.2　洞道式气流干燥器基本操作技能训练

9.2.1　技能训练装置

洞道式气流干燥器技能训练装置如图 9-5 所示。

观察与练习：仔细观察上述训练装置（图 9-5），并填写下表。

	鼓风机名称、流量、扬程	
	加热器类型	
主要设备	温度计种类和名称	
	阀门种类和名称	
	空气流量测量仪器名称	

9.2.2　**技能训练 33**　认识洞道式气流干燥器的工作流程

训练目标：了解洞道式气流干燥器的主体设备及辅助设备，其结构及工作原理，掌握各设备、仪表的用途。

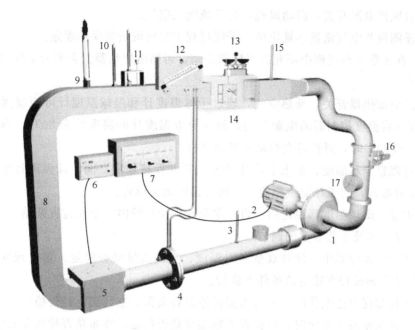

图 9-5　洞道式气流干燥器技能训练装置

1—风机；2—排气阀；3,10,15—干球温度计；4—孔板流量计；5—电加热器；6—温度
控制器；7—电加热开关；8—管道；9—导电温度计；11—湿球温度计；12—斜
管压差计；13—天平；14—干燥室；16—蝶阀；17—进风口

训练方法：通过训练装置，或利用教学录像片、干燥器模型和挂图进行学习。并完成下面的思考与练习。

思考与练习：空气作为干燥介质由 1 号风机抽入干燥系统，经过_____流量计后，进入 5 号设备_____，经过加热后进入干燥室，将放置在干燥室内湿物料的水分带走。在这个流程中，还需要用干球温度计测量空气的_____，用斜管压差计测量空气的压力，天平用来称量湿物料的重量。

9.2.3　技能训练 34　洞道式气流干燥器的开车、工艺参数调节及停车

训练目标：掌握正确的操作步骤及操作原理。

训练方法：按照下述操作程序，在实训装置上进行操作练习。

（1）开车前的准备工作

① 检查电器仪表是否齐全，灵敏；所有温度计、阀门、流量计等测量仪表是否完好。

② 检查和清除干燥装置和传动系统附近的障碍物，查看各安全保护装置是否齐全牢固。

③ 压差计液位调零，注意调零时眼睛应与指示剂液面保持水平。

④ 检查吸气阀和排气阀，保持一定的开度，任何时候不允许全部关闭。风机前的吸气阀用于吸入新鲜空气，风机出口之后的排气阀用于向外排放废气。

⑤ 将干燥箱上方的天平调零。

⑥ 准备一块浸湿的纸浆板。

（2）开车

① 开启风机电源开关，启动风机，向系统吹入空气。

② 用蝶阀调节空气流量达规定值，干燥过程中空气流量要保持稳定。

注意：在正常运行过程中不允许将蝶阀关闭，否则电加热器就会因为空气不流通引起过热而损坏。

③ 开启电加热器开关，预热空气，通过干球温度计和湿球温度计可观察到温度缓慢上升。接着开启温度控制器的电源开关，设定导电温度计的温度值为 80℃。当热空气的干球温度达到 80℃时，温控器会自动断开加热器。

④ 注意观察干球温度，要求干球温度达 80℃并保持稳定。向湿球温度计中加水，保持湿纱布充分湿润，当干球温度稳定后，湿球温度也应稳定。

⑤ 待干球、湿球温度都稳定后，将纸浆板放入干燥箱内。干燥过程开始。

（3）正常操作及工艺参数的调节

① 在正常干燥过程中，注意观察各点温度、空气流量是否稳定，若出现变化，应随时调节，保证干燥过程在稳定的条件下进行。

② 当干球温度发生变化时，可检查温控器是否失灵，空气流量是否稳定。

③ 当湿球温度发生变化时，可检查干球温度是否稳定，纱布是否被水完成润湿。

④ 当空气流量发生变化时，检查风机工作是否正常。

（4）停车

① 首先关闭电加热器。

② 当干球温度计温度降至室温时，关闭风机电源。

③ 取出纸浆板。

考考你：

A. 先开加热器后开风机，会导致什么结果？

B. 为什么一定要等干球温度达到 80℃并且稳定后，才能向干燥箱内放入浸湿的纸浆板？

C. 若忘记给湿球温度计加水，会对干燥过程产生什么影响？

D. 什么是稳定的干燥条件？

9.3　洞道式气流干燥器仿真操作技能训练

9.3.1　洞道式干燥器仿真操作流程

仿真操作流程如图 9-6 所示，干燥介质为热空气。吸入口进入的空气，由风机吹入管道，经过孔板流量计和电加热器后进入干燥室，然后返回风机，循环使用。排气口可以排出一部分空气，以保持系统湿度恒定。空气流量由蝶型阀（蝶阀）调节。电加热器的温度由继电器控制。

9.3.2　仿真操作

（1）开车

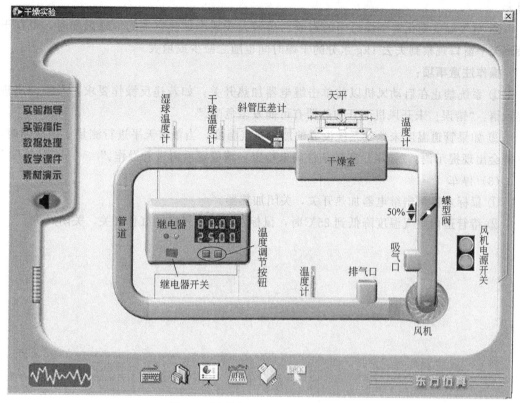

图 9-6　洞道式干燥器仿真操作流程

① 仿真实训装置已预先调整好了斜管压差计和天平的零点。蝶型阀的开度设定为 50%。

② 用鼠标左键单击风机电源开关的绿色键，接通电源，启动风机。

③ 单击蝶型阀左边的"▼"（减少）或"▲"（增加）按钮，可调节蝶型阀的开度，单击斜管压差计可以看到放大的斜管压差计，便于读取数据。通过调节蝶型阀的开度，将斜管压差计示值调至预定值。

④ 鼠标左键单击继电器加热开关，继电器数字显示仪上有两组温度，上方数字为 80，表示系统设定的加热空气干球温度为 80℃，其下方数字为 25，表示管道内空气的初始温度 25℃。当单击继电器开关后，下方的数字 25 会不断升高。当达到系统设置的温度 80℃时，继电器会自动断开管道内的加热器。在继电器右下角还有两个温度调节按钮，可调节管道内加热空气的干球温度。单击左边的按钮是提高热空气干球温度，单击右边的按钮是降低热空气干球温度。

⑤ 当干燥系统处于稳定状态后，即空气流量、干球温度、湿球温度都已稳定，鼠标左键单击干燥室上方的天平，表示将湿纸浆板放入干燥室内，干燥过程开始。在天平窗口中可以看到天平的右托盘中已加入砝码，天平向左倾斜，表示湿物料的质量大于砝码的质量。

（2）正常操作及工艺参数的调节

① 空气流量对干燥时间的影响。将蝶型阀的开度增大或减小，注意观察热空气的流量示值随之增大或减小；在天平窗口可观察到失去 1kg 水分的干燥时间也随之减少或

增大。

②　空气温度变化对干燥时间的影响。当增大或减小加热空气的干球温度时，可在干燥室天平窗口观察到失去 1kg 水分的干燥时间也随之减少或增大。

操作注意事项：

①　系统禁止在启动风机以前单击继电器加热开关，如若违反操作要求，系统会出现提示语："错误！未开风机而开加热器有可能发生危险。"

②　如果管道温度未达到系统设置的加热空气温度，当单击天平进行测量干燥时间时，系统会出现提示语："错误！实验条件尚未稳定，请稳定后再进行操作。"

（3）停车

①　鼠标左键单击继电器加热开关，关闭加热器。

②　待管道内空气温度降低到 25℃时，鼠标左键单击风机的红色开关，关闭风机。

第 10 章　冷冻岗位

工业生产中的冷冻操作（人工制冷）是将物料的温度降低到工艺要求或所需要的低温度的一种单元操作。广泛应用于日常生活、食品工业、医药工业及石油化工行业等。

冷冻岗位的主要工作包括：

① 操作制冷压缩机，使制冷剂升压、冷却、冷凝、液化；

② 控制节流阀，使制冷剂在蒸发器中汽化吸收载冷体的热量，降低载冷体温度并达到工艺指标；

③ 使用机泵、将低温的载冷体输送到用冷设备；

④ 调控制冷系统的压力、温度、流量等工艺参数；

⑤ 向制冷系统中补充制冷剂或载冷体；

⑥ 发现并处理制冷系统中异常现象和事故；

⑦ 填写生产记录报表。

下面主要介绍空气调节器的制冷、制热工作流程及原理。

10.1　空气调节器实训装置及流程

分体空调室内机如图 10-1 所示，室外机如图 10-2 所示，空调机管路工作原理如图 10-3 所示。

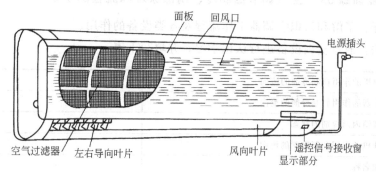

图 10-1　分体空调室内机

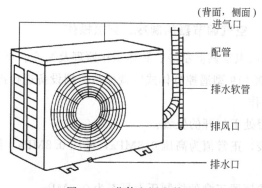

图 10-2　分体空调室外机

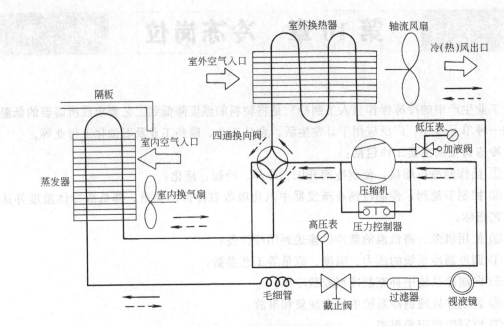

图 10-3　空调机管路工作原理

制冷剂走向：制冷用 "——▶" 表示；制热用 "––▶" 表示

10.2　空气调节器基本操作技能训练

10.2.1　技能训练 35　空气调节器制冷、制热原理和流程的认识

训练目标：了解和认识空调器工作流程及各类设备的作用。

训练方法：通过实训设备进行认识学习，并填写下表。

空调制冷时压缩机的作用和制冷剂的流向	
空调制冷时蒸发器的作用和制冷剂的流向	
空调制热时视液镜内制冷剂的状态	
空调制热时室外机的作用和制冷剂的流向	
制冷剂的种类和名称	
膨胀阀的作用	

10.2.2　技能训练 36　空气调节器的制冷、制热操作

训练目标：了解和认识空调器制冷、制热工作原理及制冷、制热操作。

训练方法：通过 SX-219 型遥控分体式空调模拟实训设备进行操作练习。

(1) 开机前准备工作

① 检查截止阀是否处于打开的位置。

② 检查空调压力表，正常值为高压 0.8MPa，低压 0.8MPa。如果没有压力，说明系统无制冷剂。

③ 检查空调压力控制器正常的控制压力是否为 0.8MPa。

④ 检查各接线端点是否接好，电脑板各接线是否插好，不应有虚接。

（2）制冷操作训练

① 开启制冷演示板，实验设备的流行灯开始闪烁，闪亮的流行灯代表了液态制冷剂F22的流向。

② 开启 SX-219 型遥控分体式空调模拟实验电源总开关，风机开始转动，压缩机开始做功，发出轰隆声。观察视液镜中的制冷剂 F22 的流向和状态变化。

③ 用手轻轻接触从室外换热器（冷凝器）的表面吹来的热风，可体会到此时换热器表面温度较高，再用手轻轻触摸蒸发器表面，可感觉到蒸发器表面温度较低。

④ 记录 F22 制冷剂在流程中流向和状态变化，以及高压表、低压表的读数。体会冷冻循环中各设备的作用。

10.2.3 空气模拟实训设备的故障与处理方法

故障设置办法	异常现象	产生的原因	处理方法
关闭截止阀	蒸发器不制冷	①毛细管堵塞 ②过滤器堵塞 ③蒸发器内脏堵塞 ④蒸发器表面有污物	清除堵塞物,清洗过滤器
在冷凝器外表面设置障碍物	冷凝器散热不好	室内机前面有障碍物	除去障碍物
拔掉室内风扇的电源	空调器室内机出风口不出风	室内机排气扇不工作	检查室内机排气扇工作是否正常
拔掉轴流风扇的电源	空调器室外机出风口不出风	轴流风扇不工作	检查室外机轴流风扇工作是否正常
拔掉四通电源阀	蒸发器不制热	四通电源阀坏了	检查四通电源阀
调节压力控制器,使电机不启动	蒸发器不制热	压缩机出现故障	检查压缩机

考考你：

A. 冷冻循环中各个设备的作用是什么？

B. 冷暖空调是如何实现制冷与制热的？

参 考 文 献

[1] 伍钦，邹华生，高桂田主编．化工原理实验．广州：华南理工大学出版社，2001.

[2] 吴嘉主编．化工原理仿真实验．北京：化学工业出版社，2001.

[3] 刘广文主编．喷雾干燥实用技术大全．北京：中国轻工业出版社，2001.

[4] 朱立主编．制冷压缩机．北京：中国商业出版社，1997.

[5] 柳建华主编．制冷空调装置安装操作与维修．北京：中国商业出版社，1997.

[6] 穆运庆主编．化工机械维修　化工用泵分册．北京：化学工业出版社，1999.

[7] 苏军生主编．化工机械维修　压缩机、风机、离心机分册．北京：化学工业出版社，1999.

[8] 陆美娟主编．化工原理（第二版）．北京：化学工业出版社，2008.

[9] 吴俊生，邵惠鹤主编．精馏设计、操作和控制．北京：中国石化出版社，1997.

[10] 王树楹主编．现代填料塔技术指南．北京：中国石化出版社，1998.

[11] 刘相臣，张秉淑．化工装备事故分析与预防．北京：化学工业出版社，1994.

[12] 崔继哲，陈留拴主编．化工机械检修技术问答．北京：化学工业出版社，2001.

[13] 韦士平主编．生产装置调优与节能．北京：中国石化出版社，1992.